科学出版社"十四五"普通高等教育本科规划教材

时空大数据计算分析与应用

张　丰　杜震洪　刘仁义

汪愿愿　吴森森　　　编著

科学出版社

北　京

内 容 简 介

本书第1~5章从地理信息科学发展到大数据时代面临的挑战入手,介绍了大规模时空数据的高效管理、高性能计算、深度分析挖掘、科学可视化等内容,主要包括:时空数据存储与管理、时空数据索引,高性能时空大数据计算策略、空间数据与空间计算任务划分方法,时空聚类、地理回归等时空数据挖掘方法,大规模空间数据加载和渲染策略、三维可视化等。第6章和第7章详述了时空大数据分析在智慧城市、土地利用演变、城市功能区划分、城市交通脆弱性分析、公共交通模式挖掘等热点研究中的应用。

本书可作为高等院校地理信息科学、遥感科学与技术、信息科学技术等相关专业学生的教材,也可供从事地理信息相关领域的从业人员参考,还可作为对地理信息科学前沿感兴趣的人们学习和了解时空大数据的读物。

审图号:浙 S(2022)29 号

图书在版编目(CIP)数据

时空大数据计算分析与应用/张丰等编著. —北京:科学出版社,2022.10
科学出版社"十四五"普通高等教育本科规划教材
ISBN 978-7-03-073391-7

Ⅰ. ①时… Ⅱ. ①张… Ⅲ. ①数据处理–高等学校–教材 Ⅳ. ①TP274

中国版本图书馆 CIP 数据核字(2022)第 189513 号

责任编辑:杨 红 郑欣虹/责任校对:杨 赛 周思梦
责任印制:张 伟/封面设计:迷底书装

科学出版社 出版
北京东黄城根北街 16 号
邮政编码:100717
http://www.sciencep.com
固安县铭成印刷有限公司 印刷
科学出版社发行 各地新华书店经销
*
2022 年 10 月第 一 版 开本:720×1000 1/16
2023 年 7 月第二次印刷 印张:11 3/4
字数:234 000
定价:58.00 元
(如有印装质量问题,我社负责调换)

前　言

随着以航空、航天等遥感平台为载体的对地观测技术，以及以社交媒体为介质的对人类社会活动观测手段的飞速发展，各个领域产生的高精度、高频度、大覆盖的超海量地理空间数据呈爆炸式增长。海量、多源、异构、动态的大规模时空数据对传统的数据管理模式提出了巨大的挑战，时空依赖、动态变化、多源异构、价值可挖、体量庞大的特点决定了对大规模时空数据的管理、处理、分析和应用并非易事。

全球知名咨询公司麦肯锡称："数据，已经渗透到当今每一个行业和业务职能领域，成为重要的生产因素。人们对于海量数据的挖掘和运用，预示着新一波生产率增长和消费者盈余浪潮的到来。"

"大数据时代"来临，人们的位置、行为，大气、水质、环境、地表的每一个变化，都成为可被感知、记录、处理、分析和利用的数据。"大数据"正在为人类社会创造大价值，一切靠数据说话、凭数据决策，大数据带来的信息风暴正在改变人们的生活、工作和思维。关注并从事该领域研究的人越来越多，对善于利用ABC（artificial intelligence，big data，cloud computing）大数据技术开展数据科学研究与应用的人才需求越来越强烈。ABC支持下的地理信息科学与技术的发展迎来前所未有的机遇。

近年来，全国各大高校无论是在原设专业中增加新兴技术和方法的教学和研究创新训练，还是新增的数据科学与大数据技术、大数据管理与应用专业，都对系统地教授大数据和大数据技术的相关教育教学提出了需求。教材作为教学的重要资料，在落实立德树人根本任务，全面提高人才自主培养质量，着力造就拔尖创新人才的过程中起到了关键作用。本书将作者10多年来从事高性能空间计算、大数据挖掘分析及其领域应用研究的成果，进行梳理、归纳和总结，形成了时空大数据计算与分析平台框架，同时以时空为核心，对时空大数据的相关理论方法、技术及其应用做了介绍，可以帮助对此有兴趣的初学者形成时空大数据的全局观念和基本认知。

本书各章节编写分工如下：第1~3章由张丰编写，第4章由杜震洪、吴森森编写，第 5 章由汪愿愿编写，第 6 章和第 7 章由刘仁义、张丰、吴森森编写。此外，周经纬、赵贤威、章笑艺、顾昱骅、周烨、俞丽君、林雅萍、祝琳莹、杜佳昕、曹晓裴、戴浩然、张书瑜、周洪叶等对本书的内容有直接贡献，在此表示感谢。在本书的准备和编写过程中，感谢陈昱蓉、王梦晓、杨蕊㵗、李悦艺、陈振德、张程锟、吴楚仪、叶华鑫、朱悦的参与和协助。

　　由于时间和水平所限，书中难免存在不足之处，敬请各位读者不吝指正。

作　者

目 录

前言
第1章 概述 ·· 1
  1.1 GIS 发展历程 ··· 1
    1.1.1 空间分析缘起霍乱地图 ·· 1
    1.1.2 GIS 发展阶段 ·· 1
    1.1.3 地理信息系统商业化 ·· 3
    1.1.4 地理信息科学腾飞 ··· 3
    1.1.5 地理数据爆炸式增长 ·· 4
  1.2 地理信息科学研究的发展 ··· 4
    1.2.1 地理时空大数据特点 ·· 5
    1.2.2 大数据时代的地理学研究范式 ··· 5
    1.2.3 数据驱动研究范式下的地理信息科学发展 ·························· 6
  1.3 地理时空大数据云平台 ·· 7
    1.3.1 地理时空大数据云平台的特征 ··· 7
    1.3.2 地理时空大数据云平台的组成 ··· 7
第2章 时空数据存储管理 ·· 10
  2.1 关系型空间数据库 ··· 11
    2.1.1 概述 ·· 11
    2.1.2 常用数据库 ··· 11
    2.1.3 优缺点 ··· 12
  2.2 NoSQL 空间数据库 ··· 12
    2.2.1 概述 ·· 13
    2.2.2 分类及典型应用 ··· 13
    2.2.3 优缺点 ··· 15
  2.3 分布式数据存储 ·· 15
    2.3.1 概述 ·· 15
    2.3.2 分布式文件系统 ··· 16
    2.3.3 分布式数据库 ·· 17
  2.4 时空数据索引 ··· 19
    2.4.1 经典空间索引 ·· 19

　　　2.4.2　分布式空间索引 ···23
　　　2.4.3　稀疏-稠密空间格网 R*树索引 ··26
　　　2.4.4　静态多级格网索引 ···27
　2.5　实例——基于 HBase 的地表覆盖数据存储与索引设计 ··············28
　　　2.5.1　数据特点 ··29
　　　2.5.2　存储设计 ··30
　　　2.5.3　索引设计 ··32
第3章　高性能时空大数据计算 ··35
　3.1　时空大数据高性能计算策略 ··35
　　　3.1.1　云环境下的并行计算范式 ···36
　　　3.1.2　基于操作结构的并行空间计算流程 ····································37
　3.2　空间数据划分策略 ··41
　　　3.2.1　面向解构的空间操作分类及其空间子域分布特征 ·················41
　　　3.2.2　无空间依赖空间操作的数据划分方法 ·······························44
　　　3.2.3　弱空间依赖空间操作数据划分方法 ····································47
　　　3.2.4　强空间依赖空间操作数据划分方法 ····································52
　3.3　空间计算任务划分策略 ··55
　　　3.3.1　多维空间子域任务计算量表示 ··56
　　　3.3.2　空间子域计算代价评估 ···57
　3.4　MapReduce、Spark、Storm 分布式并行计算框架 ····················58
　　　3.4.1　MapReduce ··58
　　　3.4.2　Spark ··59
　　　3.4.3　Storm ··60
　　　3.4.4　MapReduce、Spark、Storm 计算框架对比 ·······················61
　3.5　实例——基于分布式内存计算的并行二路空间连接算法 ···········61
　　　3.5.1　二路空间连接 ···62
　　　3.5.2　多路空间连接 ···62
　　　3.5.3　基于分布式内存计算的并行二路空间连接算法设计 ···········62
　　　3.5.4　实验分析 ··65
第4章　地理时空大数据挖掘 ··70
　4.1　地理时空大数据挖掘概述 ···70
　　　4.1.1　地理时空大数据挖掘的内容 ···70
　　　4.1.2　地理时空大数据挖掘的方法 ···72
　4.2　时空大数据聚类分析 ··72
　　　4.2.1　全局最优解驱动的栅格大数据聚类 ····································73

　　　4.2.2　基于时空密度的矢量大数据聚类 ·················76
　4.3　时空关联规则挖掘 ·······································78
　　　4.3.1　通用关联规则挖掘方法 ·······························79
　　　4.3.2　大数据关联规则挖掘方法 ···························80
　　　4.3.3　空间关联规则挖掘方法 ·······························80
　　　4.3.4　时空关联规则挖掘方法 ·······························81
　4.4　地理关系回归分析 ·······································82
　　　4.4.1　空间回归分析 ···82
　　　4.4.2　时空回归分析 ···83
　　　4.4.3　地理时空神经网络加权回归 ·····················83
　4.5　地理大数据挖掘模型流程定制 ·····················86
　　　4.5.1　构建地理时空大数据挖掘模型流的意义 ·····86
　　　4.5.2　常用大数据挖掘模型流调度框架 ···············86
　　　4.5.3　Airflow ···88
　4.6　实例——大规模时空热点分析并行计算 ·········90
　　　4.6.1　时空热点 ···90
　　　4.6.2　总体执行流程 ···91
　　　4.6.3　热度值计算 ···91
　　　4.6.4　多视角出租车轨迹热点识别 ·····················92

第 5 章　地理多维时空可视化 ····································96
　5.1　地理可视化概述 ···96
　　　5.1.1　地理可视化的基本概念 ·······························96
　　　5.1.2　地理可视化发展历程 ···································97
　5.2　数据加载和渲染策略 ·····································98
　　　5.2.1　顶点压缩技术 ···99
　　　5.2.2　地图瓦片构建 ···100
　　　5.2.3　基于细分层级的实时高效渲染策略 ···········106
　5.3　三维可视化 ···108
　　　5.3.1　三维 GIS 平台框架 ···································108
　　　5.3.2　大规模地理数据可交互式时空过程体绘制 ···111
　　　5.3.3　城市三维场景可视化案例 ·······················115
　5.4　免预先切片的地图瓦片服务 ·······················120
　　　5.4.1　免预先切片技术简介 ·······························120
　　　5.4.2　基于 HBase 的地表覆盖数据免预先切片方法 ···120

第 6 章　面向智慧城市的时空信息云平台实例 ································· 127

　6.1　平台设计 ·· 127

　6.2　存储层构建 ·· 129

　　　6.2.1　混合存储方案 ·· 129

　　　6.2.2　构建索引 ·· 131

　　　6.2.3　构建多尺度矢量瓦片 ·· 132

　6.3　计算层构建 ·· 133

　6.4　分析层构建 ·· 137

第 7 章　基于时空信息云平台的应用 ··· 139

　7.1　城市化土地利用时空演变分析 ·· 139

　　　7.1.1　简介 ·· 139

　　　7.1.2　数据与案例区 ·· 139

　　　7.1.3　方法 ·· 141

　　　7.1.4　实例分析 ·· 142

　7.2　基于大数据的城市功能区划分研究 ··· 146

　　　7.2.1　简介 ·· 146

　　　7.2.2　数据 ·· 146

　　　7.2.3　方法 ·· 148

　　　7.2.4　分析与结果 ·· 149

　7.3　城市交通时空结构与脆弱性研究 ··· 151

　　　7.3.1　简介 ·· 151

　　　7.3.2　数据 ·· 152

　　　7.3.3　方法 ·· 153

　　　7.3.4　分析与结果 ·· 159

　7.4　城市计算视角下的公共交通模式挖掘 ·· 161

　　　7.4.1　简介 ·· 161

　　　7.4.2　数据 ·· 161

　　　7.4.3　方法 ·· 162

　　　7.4.4　分析与结果 ·· 166

主要参考文献 ·· 173

第1章 概　　述

1.1　GIS 发展历程

GIS 一词由三个字母组成，G(geography)表示地理，I(information)表示信息，S 在不同的时期给出了不同的定义。S 最早与地理信息结合的时候是指代 system(系统)，随着其内涵改变进而变为 science(科学)。service(服务)代表的是地理信息被更广泛地应用于生产生活，smart(智慧)则给予了地理信息发展更高的期望和美誉。

本书将从 GIS 发展历史说起，不是按照不同时期 S 隐喻的不同来划分，而是想更多地从地理作为一种信息如何为人类所利用这一角度开启 GIS 的篇章。这里的 S 没有特指是哪一个 S。

1.1.1　空间分析缘起霍乱地图

地图作为表达事物空间分布及联系的载体，可以看作 GIS 的起源，因为古代的军事作战指挥、描摹土地山川等地理形势都用上了地图[①]。但是更为大家认同的地图是 1854 年的霍乱地图。

霍乱袭击了英国伦敦市，英国医生约翰·斯诺绘制了疫情暴发地点、道路、住宅区边界和水系图。当他将这些特征添加到地图上时，发生了一些有趣的事情，大多数病例的住所都围绕在布罗德街(Broad Street)水泵附近，霍乱地图如图 1.1 所示。

他结合其他证据得出饮用水传播的结论，于是去掉了 Broad Street 水泵的把手，霍乱最终得到控制。

约翰·斯诺的霍乱地图不仅仅是用地图这一载体表达了疫情分布，而且通过空间分析发现了疾病传播的源头。约翰·斯诺通过把地理层放在一张纸质地图上，拯救了很多人的生命。

1.1.2　GIS 发展阶段

2020 年新年伊始，全球都被一场前所未有的新冠肺炎疫情笼罩，相比于约翰·斯诺时代的纸质地图，可以看到全球的地理人正在利用各种先进技术手段来获取、表达和分析疫情的时空发展，并期望给疫情防控提出有效建议。从 200

---

① 参考网站：https://gisgeography.com/history-of-gis.

图1.1 霍乱地图

年前的纸质地图到今天的动态数字地图分析挖掘，从简单空间分析到解决复杂时空问题，GIS 经历了几个发展阶段。

20 世纪 60~80 年代是地理信息系统开拓时期。随着计算机技术的进步，学者以及政府部门等以地物坐标作为数据输入，通过大型计算机进行数据存储，使用打印机将图形映射为输出。

加拿大政府有着广袤的土地，管理人员认识到准确掌握关键要素的数据对土地规划和决策至关重要。加拿大在 1964 年提出土地清查的需求，利用土壤、排水和气候特征来确定作物类型和森林地区的土地容量。罗杰·汤姆林森（Roger Tomlinson）在加拿大政府任职期间，规划和指导了加拿大地理信息系统（Canada geographic information system，CGIS）的建立。CGIS 被认为是地理信息系统的根源。罗杰·汤姆林森在 1968 年出版的《区域规划地理信息系统》一书中首次使用了"地理信息系统"一词，他也因此被誉为"地理信息系统之父"。

1967 年美国人口普查局开发了数据格式 GBF-DIME（地理基础文件-双独立地图编码）实现了普查的自动地理编码，数字化了人口普查边界、道路和城市地区，为 GIS 带来了革命性的影响。GBF-DIME 文件在 1990 年演变为 TIGER 文件。

同一时期，英国的军械测量局也开始了例行的地形图绘制工作。到目前为止，英国军械调查局仍在生产许多不同的地理信息系统数据产品，包括英国每一个地区的每一栋房子、每一道栅栏和每一条河流。

中国的 GIS 发展起步较晚，陈述彭院士为此做出了巨大贡献。

(1)1977 年：陈述彭院士访问英国归来提出发展中国地理信息系统的建议。

(2)1978 年杭州遥感会议：陈述彭院士提出发展中国地理信息系统的倡议。

(3)1978~1980 年腾冲航空遥感试验：第一次成立地理信息分析学科组，探讨统计制图、数字地面模型等研究。

(4)1980 年中国科学院地学部倡议：陈述彭院士在地学部会议上，提出开展我国地理信息系统研究的建议，并得到了王之卓先生的支持。

由此，中国 GIS 的星星之火开始燎原。

1.1.3　地理信息系统商业化

随着各国政府意识到数字地图的优势，旺盛的需求和计算机软硬件技术的进步促进了地理信息系统技术的极大发展。20 世纪 70 年代中期，哈佛大学计算机图形学实验室开发了第一个矢量地理信息系统，称为奥德赛地理信息系统（ODYSSEY GIS），这项工作引发了 GIS 软件商业化的发展阶段。

20 世纪 70 年代末，地理信息系统的内存大小和图形功能都在改善，新的计算机制图产品，如 GIMMS、MAPICS、SURFACE、GRID、IMGRID、GEOMAP 和 MAP 等，陆续出现。20 世纪 80 年代末，越来越多的地理信息系统软件供应商参与其中。

在地理信息系统发展的这一历史时点上，从首次会议可以看到当时的 GIS 是孤独的。1975 年，英国召开了第一次地理信息系统会议，只有一小部分学者参加。1981 年，第一次 ESRI 用户会议只吸引了 18 人参加。

20 世纪 90 年代，随着中国沿海经济开发区的发展，以及土地的有偿使用和外资的引进，政府部门对 GIS 产品服务的需求加速推动了 GIS 行业在我国的全面发展，使其逐步迈入产业化阶段，涌现出来的 GIS 软件有中国科学院的 SuperMap、中国地质大学（武汉）的 MapGIS、武汉测绘科技大学（现武汉大学）的 GeoStar 等。1989 年，武汉测绘科技大学开设地理信息工程专业，此后，中国从事 GIS 研究和教学的学者队伍不断发展壮大。

1.1.4　地理信息科学腾飞

1990~2010 年是地理信息系统真正腾飞的时期。更便宜、更快和更强大的计算机，更多、更快、更准的软件和数据可以选择，地理信息系统被引入学校和企业，空间分析在决策中的重要性逐渐被认识。随着更多的卫星进入轨道，遥感技术带来了前所未有的数据增长。全球定位系统（global positioning system, GPS）的出现打开了 GIS 应用领域的另一扇门，GIS 从政府部门需求为主转向了大众生活需求旺盛期。

这一时期，GIS 从原先简单的数据存储、数据管理、交互分析、地图制图的工具式 GIS 发展到了桌面组件式 GIS，极大地推动了 GIS 的组件式开发与应用领域的拓展。2005 年，Google Map 上线运行，开启了互联网地图服务的新时代，

IT 技术融入 GIS 领域。

地理信息系统、遥感(remote sensing，RS)和全球定位系统的集成，打开了地理信息系统发展的新阶段：开源"爆炸"。

1.1.5　地理数据爆炸式增长

随着遥感、传感网、移动通信等技术的快速发展，地理信息进入了"数据爆炸"时代。美国忧思科学家联盟(The Union of Concerned Scientists，UCS)发布：截至 2021 年 1 月 1 日，全球共有在轨活跃的遥感卫星 909 颗。高分系列、资源系列、环境减灾系列等国产卫星数据形成了我国对地观测(earth observation，EO)的数据网络，每天接收的遥感数据量超过 PB 级。史蒂夫·科斯特于 2004 年建立的地图开放项目——公开地图(open streetmap，OSM)是由网络大众共同打造的免费开源、可编辑的地图服务，约有 150 万名注册编辑志愿者，提供了全球免费、开放的重要基础空间数据。基于移动网络与互联网的位置服务与我们的生活息息相关，在公众使用这些免费的服务时，把自己的行为轨迹也贡献给了地图服务商。社交网络服务平台，如微博、马蜂窝、Twitter、Flickr 等，用户通过这些平台分享动态，包含了时间、位置、文本、图片以及视频等信息，直接或间接地体现了个体的活动行为，极大丰富了时空数据的内容和维度。目前，我们对现实世界的观测从对地观测转向了对地观测和以社交媒体数据为主的对人观测的综合，这让我们更精准、全面地掌握地球自然、生态以及人类活动信息，从中挖掘潜在的空间规律、行为模式，分析空间布局和观察空间情感变化。

地理信息科学是研究地球表层空间的各种自然地理要素和所有人类社会活动中与空间位置相关的信息及其内在规律的学科，数据的爆炸式增长给地理科学研究带来了重大变化。

1.2　地理信息科学研究的发展

移动互联网、物联网、大数据、云计算等科学技术的创新对以空间位置为核心的 GIS 形成了一系列新的挑战。周成虎院士在 2019 年中国地理信息产业大会中说道：今天，我们处于一个重大的科学与技术革新的时代。当前，世界进入了智能化与绿色化、网络化、全球化相互交织的时期，并正在改变世界经济和人类社会。这一转变对地理信息科学的发展来说是带来了前所未有的机遇，在 ABC(artificial intelligence、big data、cloud computing)支持下进入了一切数据化的时代、计算无处不在的时代、更少人机物混合的时代。

数字时代的地理信息科学与技术的发展为地理时空大数据的管理和应用提供了新的思想和方法，地理时空大数据云平台正是在前沿科技的推动下，为适应当前数据形态和特点而产生的管理和应用方案。

1.2.1　地理时空大数据特点

时空数据通常是指具有时间和空间维度的数据。在现实世界中，超过 80% 的数据都与时空相关。随着数据采集和获取技术的发展，时空数据量呈现爆炸式增长，且覆盖面极广，物理世界和人文社会的各行各业与其都有着千丝万缕的联系。经过体量、速度和种类的量变累积，时空数据已经质变成为地理时空大数据，具有时空依赖、动态变化、多源异构、价值可挖和体量庞大等特点。

1) 时空依赖

地理时空大数据最基本的两维特征是时间和空间，其产生于统一的时空框架，具备对空间的依赖性和对时间的依赖性，能够反映特定时空背景下的某一现象。

2) 动态变化

万物没有绝对的静止，随着时间的变化，产生的数据也不会是静态的。现象具有演化的过程，而作为现象的反映，地理时空大数据同样具有动态变化的特征。

3) 多源异构

地理时空大数据的来源非常广泛，这得益于数据获取设备的丰富和改进。从纸张采集文本信息、相机采集图片信息到物联网的大采集系统，不同的设备决定了地理时空大数据的多源异构特征。目前比较常见的数据格式有矢量、栅格和文本等，从数据组织上来看，既有结构化数据，也有半结构化和非结构化数据。

4) 价值可挖

地理时空大数据是社会现实的反映，其中蕴含丰富的价值信息，可以揭示发展变化的客观规律，为总结过去、启发未来服务。但原始数据价值密度低，需要结合数据挖掘手段进行提炼。

5) 体量庞大

在大数据时代，数量是最外显的时代标签。地理时空大数据属于大数据的一种，体量的庞大是其最为基础的特征。

1.2.2　大数据时代的地理学研究范式

今天的大数据不仅仅是数量的问题，它的种类也更加多样化，包括社交媒体、群体共创、地基传感器网络和监控摄像头，等等，并且获取速度非常快。

大数据正在催生一种新的科研方法论。数据已经不仅仅用来校正、验证和实验，而是变成整个分析的驱动力，所以，在数据分析师的脑海中，数据变成了从真实世界传输过来的具有很宽波谱范围的高速数据流。我们可能会进入第四种科研范式：研究方法是根据数据设计的，而不是像之前那样利用数据去满足研究方法的需求。

《大数据：将会改变我们的生活、工作、思考的革命》这本书中提到了大数据对科学研究的三大挑战，具体到地理学的研究中是什么情况呢？Miller 和

Goodchild 对此表示，数据驱动的地理学研究具有如下特征。

(1)总体而不是抽样。传统模型驱动的研究采用抽样方法应对数据和信息超负荷的问题，随机抽样的基本前提是样本必须有代表性，研究结论对于样本的依赖性非常大。我们选用总体数据进行研究，同样存在问题。例如，社交媒体数据能够很好地反映人口分布特征，但是由于社交媒体使用群体的有偏性，结论并不如预期那样反映总体的客观情况。

(2)散乱而不明晰。各种不同来源的数据源往往比较散乱，结构混乱没有质量控制。一般有两种应对方法：一是将数据用于对数据质量不敏感的研究；二是清洗数据。清洗数据有三种策略：①基于群体，原理就是莱纳斯法则，"只要有更多的眼球关注，最终的产品就有更好的精度"；②基于层次验证，根据不同个体的行为记录和他们贡献的准确度，定义为层级结构中的不同角色，来判断验证数据的可靠性；③基于知识，将获取的数据和已知的知识进行对比，检验其一致性，或者利用常识检验获取数据的真实性。

(3)相关而不是因果。传统的科研关注事物产生的原因，单纯的相关往往是不够的，因为存在相关并不表明一个变量的改变必然引起另一个变量的改变。长久以来，科学界对单纯研究相关性而没有研究因果关系是不认可的。但是在缺少普适的模型、理论或机理解释的情况下，用数据的相关性接替因果关系也能促进研究的发展。在有些研究，如长时序地理数据预测研究中，有很多关于发现模式、数据可视化、从数据中发现信息的研究，这些方法在数据驱动的科学研究中是很有价值的，而回答"为什么是这样"可能并不是那么有必要。

1.2.3 数据驱动研究范式下的地理信息科学发展

大量的地球系统数据已经可用，其存储容量已经远远超过几十 PB，传输速率也在迅速增长。这些数据来自测量状态、通量和强度或时间、空间各异的传感器，它们包括从地球上空几米到数百千米的遥感以及在地表、地表以下和大气中的观测，其中许多观测将进一步得到大众的补充。总而言之，地球系统数据是同时拥有大数据"5V"特征的典范：数据体量(volume)大、更新速度(velocity)快、种类和来源多样化(variety)、数据的真实性(veracity)和价值(value)密度低。一个关键的挑战是从这些大数据中提取可解释的信息和知识，用于模拟、预测时空过程。

数据驱动是一种"溯因推理"的知识发现方法，通过数学统计方法从海量数据中寻找纯粹的相关性，进而实现模拟与预测。但数据驱动研究的精度完全依赖于数据的丰度与平稳性，融合领域知识作为约束参与建模计算以提高预测精度成为新的发展趋势。数据驱动可能使地理学的研究产生一种转变，从普适的通用的研究变为针对某一特定环境的研究。这种转变有一些明显的好处：Batty 就曾指出城市规划和城市研究在数据不丰富的时代，主要关注的都是那些长时间段内大规模的、激进的变化，而不是那些着眼于本地的、小区域的改变，数据驱动的城市科学能够更加关注城市局部的、日常的变化，进而有可能在改善城市病方面取得进展。

数据驱动的地理学研究并没有取代传统地理学研究，相反，两者之间互为验证。数据驱动的地理学研究在传统研究所取得的具有普适性理论指导下，数据清洗更加科学，模型分析更具解释性；传统地理学研究所形成的模型在不断被数据驱动的特定研究验证的同时，也通过数据表现出来的异常和独特性促进了理论的发展和完善。

1.3　地理时空大数据云平台

地理时空大数据的五个特点决定了对它的管理和应用并非易事，海量、多源、异构、动态的时空大数据对传统的数据管理模式提出了巨大的挑战，高效存储、高性能计算、智能分析和快速可视化的需求在传统的空间信息技术条件下无法被满足。云计算技术、大数据技术和人工智能技术的兴起与发展为这一难题提供了解决之道，地理时空大数据云平台应运而生。

1.3.1　地理时空大数据云平台的特征

空间分析、空间建模和空间优化成为地理信息科学的三个核心议题，时空大数据的空间性、时间性、流动性和多元性等复杂特性为空间计算的发展带来了新的机遇和挑战。作为面向超大规模数据提供高效管理、高性能计算、深度分析挖掘、高效可视化能力的云平台应该具备如下几个方面的特征。

(1) 高性能(high-performance)，是要求在更短的时间内求解大规模时空计算分析的能力。

(2) 分布式(distributed)，是高性能计算背后的计算机理论基础，即并行计算模型。分布式是实现高可扩展、高可靠、高性能的大数据编程模型的环境保障。

(3) 可扩展(scalable)，这个计算平台必须是可伸缩，可扩展的。

(4) 开放的(open)，这个平台是开放的，计算资源是开放的，数据资源是开放的，模型方法也是开放的，只要遵循一定的规则，都可以接入平台。

(5) 面向服务(service-oriented)，平台的各种能力都是以服务的方式提供的。

(6) 智能的(smart)，结合人工智能技术，提升领域知识的理解与掌握。

1.3.2　地理时空大数据云平台的组成

地理时空大数据云平台是一个从数据到信息再到知识的层层递进的服务体系。平台基于分布式高性能计算框架，建立统一标准与服务开放体系实现开放接入与协同共享,架构如图 1.2 所示。

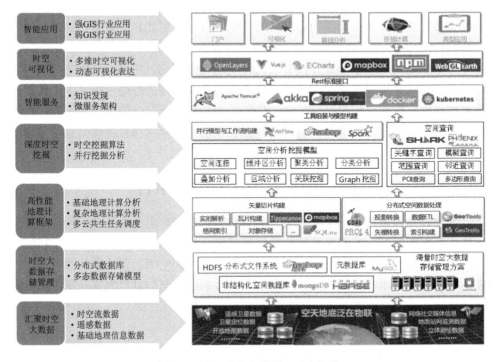

图 1.2　地理时空大数据云平台架构

(1)第一层是数据汇聚层,汇聚空、天、地、底泛在互联的地学数据,包括来源于航空航天遥感、低空无人机、地面测量车、水下声呐等的对地观测数据,也包括来自网络社交媒体、地面场站网、智能终端等的社交大数据。这些数据将会以结构化、非结构化和半结构化的方式组织,涵盖了矢量、栅格、TIN 以及地理流数据。

(2)第二层是数据管理层,基于数据统一描述方法,设计多元数据存储模型,建立多维剖分的数据动态分层组织框架,构建物理分散、逻辑统一的虚拟数据中心,探讨适用于不同时空特点及计算需求的索引构建方法,通过高性能数据服务引擎提供高效的数据检索与访问服务。

(3)第三层是数据计算层,制定地理流大数据高性能计算模型统一开发与集成规范,基于多云混合分布式计算框架提供基础地理计算分析算子,构建模型算法集成实现复杂地理计算分析,提供高性能地理大数据计算与分析服务。

(4)第四层是信息提取层,集成各类地理大数据挖掘算法模块,从空间连接、缓冲区分析、叠加分析等基础模型,到聚类分析、分类与回归、关联分析等数据挖掘模型,通过并行模型与工作流引擎提供深度时空挖掘服务。

（5）第五层是知识发现层，基于微服务架构，将通过第四层的数据挖掘技术所提取的信息与领域结合，从中发现时空特征和规律，帮助理解时空过程从而开展时空过程模拟与预测等服务。

（6）第六层是可视化层，地理数据、时空信息、领域知识需要一定的媒介进行表达与交流，建立多维多域的时空数据表达模型，直观、全面地呈现空间、时间、属性维数据，结合时空立方体、时空粒子流等可视化技术实现时空过程的动态可视化，便于用户发现、分析地理现象及其发展规律和变化趋势。

（7）第七层是领域应用层，利用各类终端交互式地开展行业应用，包括交通、土地、城市管理等强 GIS 应用领域，也包括民政、考古等弱 GIS 应用领域。

本书的章节结构正是结合这一平台结合不同层次的 GIS 方法与技术展开，包括数据存储管理、计算分析、挖掘与可视化，最后结合典型应用案例说明如何开展地理时空大数据的平台构建及分析应用。

第 2 章　时空数据存储管理

　　空天地立体观测技术的飞速发展解放了空间数据生产力，促进了国土、测绘、林业、交通、海洋、水利、地理国情等传统领域原始数据资料的积累，也极大地促进了高精度、高频率、全覆盖空间数据的增长。海量空间数据的产生标志着空间大数据时代的到来。在这种情况下，如何实现海量时空数据的高效存储管理成为新的挑战和研究课题。

　　空间数据库是指用于存储与检索在地理空间上定义和描述的对象的数据库。一方面，以 PostGIS、MySQL Spatial、Oracle Spatial 等为代表的传统关系型空间数据库具有较成熟的关系模型和关系操作能力，能够将空间数据有效组织以进行复杂的空间操作，在很多领域已经得到了广泛应用。但是，数据爆炸式增长所带来的高频率数据访问、实时检索、数据库横向扩展等要求成为关系型数据库发展的性能瓶颈。另一方面，新一代的 NoSQL 数据库，如 HBase、Cassandra、BigTable 等，在海量数据存储方面表现优异，它们普遍具有较好的可扩展性和伸缩性。但是，这些数据库不能很好支持空间数据模型，只能提供极其有限的空间数据索引和空间查询操作。因此，将 NoSQL 数据库应用于空间数据管理领域时，根据不同应用背景制定高效的数据存储模型和空间索引至关重要。

　　分布式数据存储是计算机网络技术与空间数据库技术综合发展的产物。它的核心在于通过网络通信技术将物理上分散的多个空间数据库组织成为一个逻辑上单一的空间数据库管理系统，在数据库扩容、数据共享与分析处理方面具有明显优势。

　　基于高效的数据存储模型，设计合理的空间索引机制，可以为实现空间数据快速访问提供可靠的技术支持。以格网索引、树索引为代表的经典空间索引并不适用于分布式并行数据库，因此并行 R 树索引、SpatialHadoop 索引等分布式空间索引快速发展，为海量时空数据快速检索与分析奠定基础。

　　本章针对海量时空数据存储管理问题，探讨传统关系型空间数据库、新型 NoSQL 数据库及分布式存储的相关概念和特点，并重点解析空间索引构建技术，让读者掌握时空大数据的高效存储和检索方法。最后，以实现海量地表覆盖数据高效管理为例，选用 HBase 和多级格网索引作为解决方案，加深读者理解。

2.1　关系型空间数据库

关系型空间数据库使用空间关系来存储管理数据,拥有较为成熟的空间数据模型和空间函数,且满足多种约束条件,已经被广泛应用于时空数据的存储管理。本节介绍关系型空间数据库的概念和几种目前较为常用的空间数据库及其特点,最后在读者有一定了解的前提下总结关系型空间数据库的优缺点。

2.1.1　概述

建立在关系模型基础上,并借助集合代数等数学概念来存储并处理数据的存储系统,称为关系型数据库。其中,关系模型包括数据结构、操作集合和完整性约束三部分。在一个关系型数据库中,以二维表结构为数据存储的基本单位,表与表之间通过主码和外码的参照关系产生关联。表中的每一行称为一个元组,每一列称为一个属性,通过选择、投影、连接等关系操作,可以获取表中的元组或属性,产生新的表。另外,数据库中的每张表都应满足实体完整性、参照完整性和用户定义完整性。

关系型数据库的最大特征是满足 ACID 原则,即事务的原子性(atomicity)、一致性(consistency)、隔离性(isolation)和持久性(durability)。其中,事务原子性是指事务中包含的程序为数据库工作的基本单位,对数据所执行操作只存在完成操作和不进行操作两种情况;事务一致性是指事务执行前后数据库都必须满足一致性约束;事务隔离性是指通过锁操作使并发事务相互隔离;事务持久性是指系统发生故障时,数据库不能丢失已经提交的事务。

为满足空间数据管理需求,空间数据库在普通数据库所包含的字符串、数值、日期等数据类型基础上,添加空间数据类型,通过 SQL 语言进行空间数据的查询与相关操作。使用较为广泛的关系型空间数据库主要有 PostgreSQL、Oracle Spatial 和 SQL Server。

2.1.2　常用数据库

本节介绍 PostgreSQL、Oracle Spatial 和 SQL Server 三种常用关系型空间数据库的基本概念和特征,读者可以根据实际需要选择使用。

1) PostgreSQL

它通过集成 PostGIS 插件,支持空间数据类型、空间索引和空间函数,从数据库管理系统转换为强大的空间数据库。PostgreSQL 主要有以下几个特征:第一,严格遵循 SQL 规则,保持事务的原子性和完整性,可以进行复杂 SQL 查询、连接等操作;第二,可以进行类型和功能扩展,支持文本、图像、音频等多种类型数据的存储;第三,不限制列的长度,支持大型 GIS 对象存储;第四,开源免费，提供多种语言的编程接口，可用性强。

2) Oracle Spatial

Oracle Spatial 提供 SQL 模式和函数来实现地理实体对象的存储、查询和更新，主要优势在于：第一，支持丰富的几何对象类型，如混合多边形、混合线段、圆弧等；第二，易于创建和维护空间索引，构造高效空间查询；第三，支持三维和四维集合对象类型，但目前空间函数和空间运算只对前两位坐标操作；第四，使用层次结构数据模型，包括元素、元素集合、图层三个层次，低层次对象可以组成高层次对象。

3) SQL Server

SQL Server 提供对空间数据的查询和分析功能，查询采用包含初级过滤和二级过滤的两级空间对象过滤机制，分析包括集合分析、缓冲区分析等。SQL Server 在空间操作方面支持 geometry 和 geography 两种数据类型，它们的相同点在于都可以存储不同种类的地理数据，不同点在于 geometry 类型针对平面或三维坐标，而 geography 针对含有经纬度和投影信息的大地测量空间数据。通过构建 OGC 标准接口简化空间数据的操作，加速数据访问，wkt 或 wkb 格式的地理数据可以通过 STGeomFromText 函数转换为以上两种基本数据类型，统一操作。除此之外，SQL Server 对两个空间对象间的拓扑关系定义了 STEquals（相等）、STDisjoint（相离）、STIntersects（相交）等八种类型，便于用户进行各种空间查询。

2.1.3　优缺点

综上所述，关系型空间数据库在时空大数据存储管理方面主要有以下优点：

(1) 空间结构化查询语言及其他空间特性支持完善，如空间函数的调用、空间索引的建立、地理要素的存储等，技术成熟度高。

(2) 数据具有高度的一致性和完整性，能够安全可靠地实现复杂表操作。

(3) 安全性高，可以通过不同角色的权限管理实现数据库相关操作的安全执行。

但它也存在以下缺点：

(1) 存储结构相对复杂，需要满足各种约束，面对不同种类数据时不够灵活，较难维护。

(2) 扩展性较差，在时间、空间方面开销较大。

2.2　NoSQL 空间数据库

NoSQL 数据库是近年来兴起且发展势头迅猛的数据库，其主要特点是结构松散、扩展性好，在大数据存储管理方面应用较多。

2.2.1　概述

NoSQL 数据库，即 not only SQL，意为"不仅仅是 SQL"，泛指非关系型数据库。

关系型数据库严格执行 ACID 原则，即保证事务的原子性、一致性、隔离性和持久性，采用规范化预定义结构存储，但其在保证数据完整安全的同时也存在字段增减麻烦、关系复杂、难以维护等问题。随着数据的暴发式增长，关系型数据库并不适用于信息挖掘等操作，且在高访问量需求下出现性能不足问题，不易扩展。在这种情况下，人们尝试去除关系型数据库中的关系特性，采用简单、易于扩展的结构存储海量数据，于是 NoSQL 数据库应运而生。与关系型数据库相比，NoSQL 数据库采用非关系型松散数据结构存储，各数据独立设计，很容易进行分散和扩展，以及大数据量下的读写操作。

NoSQL 数据库遵循 CAP 理论和 BASE 模型。CAP 理论是指：一致性(consistency)、可用性(availability)、分区容忍性(partition tolerance)。其中，一致性是指分布式环境下多个数据节点是一致的，即其写入和更新是同步执行的；可用性是指系统随时可用，每一个操作均可以在确定时间内返回；分区容忍性是指出现网络分区时，系统也能够正常向外界提供服务，具有高可靠性。然而，一个分布式系统不能同时满足一致性、可用性和分区容忍性这三个特性，而是最多同时满足其中两个，不同的 NoSQL 系统会根据不同的应用场景需求选择舍弃其中一个特性。

在此基础上，BASE 模型对其进行补充，它指基本可用(basically available)、软状态(soft state)和最终一致(eventually consistent)。其中，基本可用指分布式系统发生故障时允许损失部分可用性，但核心部分应保证可用；软状态指不同节点间数据可以有一段时间不同步，但这种不同步建立在不影响系统整体可用性的基础之上；最终一致性即指数据最终达到一致即可。

2.2.2　分类及典型应用

NoSQL 数据库种类繁多，主要可以分为键值(key-value)存储数据库、文档存储数据库、列式存储数据库、图存储数据库四种。下面分别介绍这四种数据库的特点和适用场景。

1)key-value 存储数据库

它的数据以键值对形式存储，可以根据 key 快速查询到任意格式的 value，适用于处理海量数据的高访问负载及一些日志系统。根据数据存储位置，可以分为临时性保存、永久性保存或两者兼具三种。临时性保存是指将数据保存在内存中，这样保存的好处是读取速度非常快，但当数据超出容量或发生故障时，极易丢失数据。永久性保存是指数据存储在硬盘上，此时性能有所降低，但安全性大幅提高。两者兼具的数据保存方式是指先把数据存储在缓存中，一定时间后写入硬盘。Redis 就是这种类型的数据库。

Redis 是一个支持主从同步的高性能 key-value 日志型数据库，并提供多种开发语言的应用程序接口（application programming interface，API）。主要有以下特点：①运行在内存中，但同时可以持久化到磁盘。正是由于其内存操作，Redis 可以完成数据的高速读写，并完成对磁盘而言十分复杂的数据结构，但同时会导致缓存和数据库的写入一致性等问题。②支持丰富的数据类型，除 key-value 类型外还有 hash、set 等。③对所有操作都是原子性的，且支持原子合并的事务操作。

2）文档存储数据库

它采用类似 JSON 格式的文档存储，可以对某些字段建立索引，不定义表结构，但可以通过复杂查询获取数据，广泛应用于网络场景。MongoDB、CouchDB 都属于此种类型的数据库，下面简要介绍 MongoDB。

MongoDB 是一个基于分布式文件存储的数据库，是一个介于关系型数据库和非关系型数据库之间的产品。相比于关系型数据库，MongoDB 不支持事务操作以及 JOIN 等复杂查询，但直接存取类似 JOSN 的 BSON 格式数据，更加灵活。另外，MongoDB 自带副本集和 mongos 集群，可以十分便利地进行集群扩容、负载均衡等操作，实用性强。除此之外，MongoDB 引入固定集合概念，定期清理旧数据，适用于日志型应用。

3）列式存储数据库

列式存储数据库按列来存储数据，最大特点是方便存储结构化和半结构化数据，在对某一列或某几列的数据进行查询时具有很大的输入/输出（input/output，IO）优势，广泛应用于分布式文件系统。相比于以行为存储单位的关系型数据库，面向列的数据库具有高扩展性，便于进行字段的扩充，能够实现高效写入。另外，它还可以作为批处理程序的存储器对大量数据进行更新。Cassandra、HBase、HyperTable 都属于此种类型的数据库，下面简要介绍 Cassandra 数据库。

Cassandra 是一套开源分布式 NoSQL 数据库系统，使用 Google Bigtable 数据模型，是一种面向列的数据库，便于添加数据。Cassandra 是由一堆数据节点共同构成的分布式网络，拥有灵活的数据存储结构，支持所有结构化、半结构化和非结构化的数据格式，并支持事务的原子性、一致性等，可进行范围查询，完成快速分布式写入。但目前来说，Cassandra 还不够稳定，且不便于和 MapReduce 结合进行计算分析。

4）图存储数据库

图存储数据库存放的不是图形或图片，而是关系图谱，如社交网络、推荐系统等。Neo4J、Infinite Graph 都是此种类型的数据库，它们可以利用图结构相关算法进行最短路径分析等，但很多时候需要对整个图进行计算分析才能得出所需信息，不便于做集群化分布式方案。下面对 Neo4J 进行简要介绍。

　　Neo4J 是一个将数据存储在网络中的高性能 NoSQL 图形数据库，具有嵌入式、基于磁盘和完全的事务特性。另外，Neo4J 使用较为简单的"节点、关系、属性"数据模型，通过相邻节点关系检索快速完成数据连接。但同时，Neo4J 在节点数方面还有限制，不支持拆分操作。

2.2.3　优缺点

　　综上所述，NoSQL 数据库的主要优势在于：

　　(1)扩展性好，适用于数据体量超大的情况。

　　(2)通过键值对存储、列存储、文档存储等形式，满足多种结构数据的存储，简单灵活。

　　其主要劣势在于：

　　(1)存储模型较为简单，不能像关系型数据库一样轻松完成 JOIN 连接、GROUP BY 等操作。

　　(2)空间函数和空间索引提供较少，难以满足空间查询处理请求。

　　(3)列结构存储不能很好地体现实体间关系，数据完整性不高。

　　(4)数据一致性不高，不能满足复杂且严谨的表操作需求。

　　(5)针对数据规模不是很大的情况，可能浪费时间、降低性能。

2.3　分布式数据存储

　　随着数据的暴发式增长，为应对超大规模数据的管理需求，分布式数据存储逐渐走进各行各业。本节介绍分布式数据存储在空间数据管理方面的相关概念、分类等，并重点介绍其中应用广泛的分布式文件系统和分布式数据库。

2.3.1　概述

　　分布式数据存储通过网络使用企业中每台机器上的磁盘空间，并将这些分散的存储资源构成一个虚拟的存储设备，数据分散地存储在企业的各个角落。总的来说，分布式存储利用多台存储服务器分担存储负荷，利用位置服务器定位存储信息，最为突出的优点如下。

　　(1)容错性好。分布式数据存储通过数据冗余备份，将数据存储于多节点，当某个节点发生故障或错误时，仍然能够保证数据的完整性和正确性。另外，数据条带化放置、多时间节点快照和周期增量复制等措施也可以提高分布式数据存储的容错性和可靠性。

　　(2)扩展性强。当数据量急剧增加需要进行横向扩展时，只需向原分布式数据存储网络中添加新的数据节点便可。新添加的数据节点与原节点共同管理，原有数据可以进行重新分配，实现各节点的负载均衡，整个存储集群整体容量和性能得到提高。

(3)高效缓存管理。一个高效的分布式数据存储系统能够高效管理缓存的读写。一方面，分布式数据存储将热点区域内的数据映射到高速缓存中以提高相应速度；另一方面，当这些区域不是热点后，存储系统会将它们移出高效缓存区。

(4)物理环境要求低。分布式数据存储对各存储节点硬件要求不高，可以采用多套低端小容量存储设备分布部署，对机房要求低，且允许不同品牌、不同介质的硬件环境共同组成数据节点，存储成本低且易于维护。

传统意义上，分布式数据存储可以分为分布式文件系统(distributed file system)、分布式对象存储(object-based storage device，OSD)和分布式块存储(distributed block storage)三类。除此之外，还有观点认为分布式存储可以分为分布式文件系统、分布式键值系统、分布式表格系统和分布式数据库等。其中，分布式文件系统和分布式数据库应用较为广泛。

2.3.2　分布式文件系统

分布式文件系统可以基于较少的硬件资源实现海量数据存储，具有广泛的应用前景。

1. 概述

分布式文件系统指文件系统管理的物理存储资源不一定直接连接在本地节点上，而是通过计算机网络与节点相连。它基于客户端/服务器模式设计，一个典型的网络可能包括多个供用户访问的服务器，并允许一个系统同时充当客户机和服务器。服务器有主控服务器(主节点)和数据服务器(数据节点)两种：主控服务器负责管理数据服务器，进行任务分配等职能，数据服务器主要用于存储数据，并向主控服务器汇报情况等。分布式文件系统包含多个节点，每个节点可以分布于不同地点，通过网络进行通信和数据传输，通过增加节点可以实现网络系统的扩容。HDFS、GFS、Lustre 等都是较为常用的大规模分布式文件系统。下面，以分布式文件系统(hadoop distributed file system，HDFS)为例对分布式文件系统的工作原理、特点等进行介绍。

2. HDFS

HDFS 是 Apache Hadoop 项目的成员，是基于 Google 的分布式文件系统 GFS 开发的开源系统。HDFS 系统遵循主/从式架构，一个 HDFS 集群上通常会有一个 NameNode 和若干个 DataNode 服务器协同工作。NameNode 是集群中的主节点，负责存储所有数据的元数据信息。DataNode 是集群中存储数据的节点，HDFS 上的数据以分块形式组织，所有数据文件都会按照相同的大小分块，并以数据块为单位存储在不同的节点 DataNode 上，系统中数据的读取和处理都以数据块为对象。

DataNode 会定期以发送 HeartBeat 的形式与 NameNode 通信。SecondaryNameNode 也可以看作 NameNode 的备份节点，当 NameNode 出现异常时能够帮助整个集群恢复正常运行状态。HDFS 为数据文件的存储提供了可扩展的平台，具有多副本冗余备份机制、心跳检测机制和数据校验机制等容错机制，为文件系统的正常运作提供高可用性和高可靠性的保障，同时也具有高容错、高吞吐和负载均衡等特性，能够支持频繁的并发数据访问请求。

HDFS 系统中的数据通常以序列化的数据流进行存储，能够一定程度减弱数据访问和数据具体内容之间原本较为紧密的联系，对于用户来说只能对其数据块的存储单元进行处理，而无法自主控制读取数据块内的特定数据记录。例如，对于地理国情普查数据的统计分析处理来说，其所需数据是随着统计单元和统计对象的不同而不断变化的，在进行植被覆盖基本统计时，只需耕地、园地、林地和草地四类普查数据，这些数据都存储在地表覆盖分类数据文件中。利用 HDFS 进行数据读取时，需要读取整个地表覆盖分类数据后再根据其属性对不需要的要素进行剔除。这样的数据读取方式会带来较多的数据读取量，尤其是无用数据的读取，有效数据提取效率较低，对 IO 性能影响较大。

2.3.3　分布式数据库

目前，国内外分布式数据库快速发展，其主要目的在于改善关系型数据库和非关系型数据库中的一些弊端，从而能够更高效地进行数据管理。

1. 概述

为了满足大数据的高效管理需求，分布式数据库成为有效的解决途径。分布式数据库支持空间数据的存储和管理，主要有以下两种方式：

（1）对支持空间扩展的关系型数据库进行分布式架构，并在此基础上设计时空大数据的分布式存储策略。目前，基于 Oracle RAC（real application clusters）和 Oracle Spatial 在存储区域网络（storage area network，SAN）上搭建大型分布式矢量数据库已经成为矢量大数据存储管理的主要方式，广泛应用于我国土地、林业、农业、海洋、交通等领域，不少研究在这样的环境下进行矢量数据存储设计。Ray 等基于 PostSQL 和 PostGIS 设计实现了云环境下的分布式空间数据库架构 Niharika，并对数据存储划分策略、读写负载平衡、存储负载平衡等关键点进行深入分析。

（2）对非关系型 NoSQL 数据库进行空间扩展使其具备管理空间数据的能力，特别是对时空大数据进行存储管理。基于列式存储的 NoSQL 数据库 HBase，许多学者对时空大数据的存储管理进行了研究，包括：面向基于位置的服务（location based service，LBS），设计 MD-HBase 来存储管理空间数据，并实现了多维空间索引。添加列簇来记录对象几何中心的 Y 坐标，实现数据索引和高效过滤，提高数据读取效率。在 Apache Accumulo 数据库之上扩展空间特性，GeoMesa 实现了矢量数据的高效存储、索引和查询。基于图数据库 Neo4J 的矢量数据存储方法，可以采用 Apache Lucene 构建 R 树索引。基于文档存储的 NoSQL 数据库，MongoDB 设计了矢量数据云存储与管理系统 VectorDB，将矢量数据通过 OGR 库转换为 GeoJSON 格式以文件形式存储。基于内存数据库 Redis，采用 hash 表来存储点、线、面矢量要素的几何信息和非几何信息，Key 域对应要素 ID，field 域对应属性名，Value 域对应属性值，提出基于 Redis 的矢量数据库分级结构和基于小角编码的格网索引设计。

总的来说，分布式数据库有以下几个显著特点。

(1)物理分散：数据存储于不同的物理位置，通过网络连接通信。

(2)逻辑统一：数据的插入、删除、查找等操作由数据库管理系统统一调度执行。

(3)伸缩性好：通过数据节点等结构可以很方便地进行横向扩容。

(4)可用性高：借助数据冗余备份，当某个存储节点发生故障时，依然能保持数据的安全性。

(5)并发性高：能够满足海量数据的快速响应。

(6)经济性能优越：在扩容等相关操作时不耗费大量硬件资源。

2. 分布式数据库 HBase

HBase 也是 Apache Hadoop 的一个成员项目，是 Google BigTable 的开源版实现，是一个支持结构化数据存储的分布式、可伸缩、基于列簇的 NoSQL 数据库。它的构建依赖于 Hadoop HDFS，相比于 HDFS 来说其最大的优势在于能够快速随机地进行数据访问。依托于 Hadoop 平台的快速发展，HBase 在大数据存储领域的应用越来越广泛，成为当前表现最突出且呼声最高的 NoSQL 数据库产品之一。HBase 同样采用主从式服务器架构，由 1 个 HMaster 服务器、若干个 HRegion 服务器以及 Zookeeper 集群构成。HMaster 负责管理 HRegionServer 之间的负载均衡，动态配置 Region 的存储，对失效的 HRegionServer 上的数据进行迁移。HRegionServer 负责响应用户请求、维护存储其中的数据和向 HDFS 读取或写入数据。Zookeeper 负责协调和监控 HMaster 和 HRegionServer。

HBase 在逻辑上是一个稀疏的、持久存储的、多维度的、排序的映射表，由行关键字(row key)、列(column qualifier)、列簇(column family)，以及时间戳(time stamp)组成，支持字符类型的数据存储格式。

(1)行关键字是确定表中一行记录的唯一标识，是用于检索数据记录的主键。行键可以由任意字符串组成，以字节流数组的形式按照一定的规则排序存储。访问 HBase 表中的行记录，可以通过 3 种方式：①通过单个行键；②通过行键的范围；③全表扫描。

(2)列与列簇。与传统关系型数据库不同的是，HBase 中的列不是表结构中的一部分,若干个具有逻辑关系的列集合成的列簇才是表结构的组成部分,每一个列都需要定义所属的列簇,列簇中的列数量能够动态变化。HBase 是基于列簇的存储,每个列簇单独存储。

(3)时间戳是 HBase 用来区分一份数据的不同版本的标识,是精确到毫秒的整型数据,默认由 HBase 根据当前系统时间自动赋值,也可以通过用户自定义赋值。

HBase 中的一张数据表数据会按照设定的阈值或者行键拆分成多个 HRegion,HRegion 由若干个 HStore 构成,一个 HStore 就是表中的一个列簇的物理存储,包含了同属于该列簇的所有列数据。HStore 的核心部分则是 HFile,每个 HFile 包含若干组 Key-Value 键值对,行键、列簇、列、时间戳等构成了 Key 键,列值则是 Value 值,HBase 只存放有 Value 值的键值对。HBase 中所有的数据文件最终都会以 HFile 文件格式存储在 HDFS 上,根据 HRegion 分区组织,并通过 HRegion 服务器维护和管理,HRegion 是 HBase 中数据读取的基本单位。

总的来说,HBase 基于 HDFS 构建,在提供可扩展、冗余备份、高容错性的大规模数据存储基础上,又拥有快速灵活的数据随机读取能力,不仅能通过行主键进行快速查询的数据定位,同时又由于其面向列簇的存储方式,也能够根据列簇进行过滤。另外,HBase 只存放有数值的部分表格内容,可以支持稀疏表,又不浪费存储空间。

2.4　时空数据索引

空间数据管理的主要目的是实现快速空间查询和空间分析,这主要通过建立空间索引来实现。空间索引是指通过建立数据逻辑与物理记录间的对应关系来描述空间数据在存储介质上的位置的一种数据结构。本节首先介绍几种使用较为广泛的经典空间索引结构及特点,之后对近年来兴起的分布式空间索引进行介绍,最后介绍两种改进后的空间索引:稀疏–稠密空间格网 R*树(sparse-dense gridbased R*-tree,SDGR*-tree)索引和静态多级格网索引,为读者选用和改进索引结构提供思路。

2.4.1　经典空间索引

根据空间对象的类型,可以将空间索引分为空间点存取方法(point access method,PAM)和空间对象存取方法(spatial access method,SAM)。前者主要用于空间点对象的索引,或者用数据点代表空间对象,包括 LSD 树、格网索引、hB-树、KD-树和 BV-树等。后者主要处理空间扩展对象(线、面、体等),有代表性的是四叉树、R 树及它们的衍生品,以及 Hilbert 曲线、Z 曲线。本节主要介绍较为经典的格网索引和树索引。

1. 格网索引

格网空间索引将研究区域用横竖线划分为大小相等或不等的网格,记录每个网格所包含的地理对象,从而基于哈希存取方式将二维空间降为可以排序的一维编码,方便存取,如图 2.1 所示。当针对某一地理对象进行查询时,首先计算出用户查询对象所在的网格,然后通过该网格快速查询所选地理对象。格网索引的优点在于思路简单明了、易于实现、查询速度快,缺点是数据量太大,且包含较多数据冗余,灵活性较差。

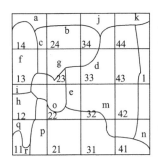

索引表	
单元ID	几何ID
11	q,p,r
12	o, p, i,h
13	c,f,g
21	
22	e,o
⋮	⋮

几何对象	
几何ID	坐标数据
a	x_1, y_1, x_2, y_2
⋮	⋮

图 2.1　规则格网空间索引

2. 树索引

1) 四叉树(Quad 树)

四叉树是另一类常见的空间索引。与 R 树系列不同,它是属于基于空间划分组织索引结构的一类索引机制。它将已知范围的空间划成四个相等的子空间。如果需要可以将每个或其中几个子空间继续划分下去,这样就形成了一个基于四叉树的空间划分。四叉树索引又分为满四叉树索引和非满四叉树索引。

在四叉树中,每个结点对应空间中的一个矩形区域,顶层结点对应整个目标空间。树中的每个非叶子结点把该结点对应的区域划分为四个大小相等的象限,每个象限有一个孩子结点与之对应。叶子结点包含点的数目介于零和某个定值之间。相应的,如果一个区域对应的结点包含的点数超过了这个最大值,则需要为这个结点创建孩子结点。图 2.2 是一个四叉树的实例,在该例子中,叶子结点中的最大点数为 1。

四叉树的数据存储结构有两种,一种是指针四叉树,在孩子结点与父结点之间设立指针,因为指针占用空间较大,所以难以达到数据压缩的目的。另一种是线性四叉树,它不需要记录中间结点和使用指针,仅记录叶子结点,并用地址码表示叶子结点的位置。因此,线性四叉树广泛应用于数据压缩和 GIS 中的数据结构。

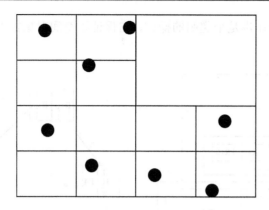

图 2.2　四叉树实例

2)R 树及其变体

R 树是由 Guttman 于 1984 年提出的空间索引结构，作为 B 树索引在多维空间的自然扩展，被广泛应用于 GIS 领域空间数据组织和检索。

R 树是一个高度平衡的数据结构，其搜索码是区间的集合，一个区间是一维。可以把搜索码看作一个被这些区间所包围的方框，方框的每一条边都和坐标轴平行。R 树中搜索码的值被称为边界框。

R 树的叶子结点包含多个形式为(OID，MBR)的实体，OID(object ID，对象识别码)为空间目标的标志，MBR(minimum bounding rectangle，最小外包矩形)为该目标在 k 维空间中的最小包围矩形。非叶子结点包含多个形式为(CP，MBR)的实体，CP(child point)为指向子树根结点的指针，MBR 为包围其孩子结点中所有 MBR 的最小包围矩形。

R 树必须满足如下特性：①若根结点不是叶子结点，则至少有两棵子树；②除根之外的所有中间结点至多有 M 棵子树，至少有 m 棵子树；③每个叶子结点均包含 m 至 M 个数据项；④所有的叶子结点都出现在同一层次；⑤所有结点都需要同样的存储空间。因此各子空间会产生重叠，查找路径也往往是多条的。随着索引数据量的增加，包围矩形的重叠会增加，将严重影响查找性能。图 2.3 是一个 R 树的实例，其中图 2.3(a)是外包矩形框和空间目标，图 2.3(b)是左图空间对象对应的 R 树。

R 树的插入与许多有关索引树的操作一样，是一个递归的过程。首先从根结点出发，按照一定的标准，选择其中一个子结点插入新的空间对象。然后再从孩子树的根结点出发重复进行上面的操作，直到到达叶子结点。当新对象的插入使得叶子结点中的单元个数超过 M 时，需要进行结点的分裂操作。分裂操作是将溢出的结点按一定的规则分为若干个部分，在其父结点删除原来对应的单元，并加入由分裂操作产生的相应的单元。如果引起父结点的溢出，则继续对父结点进行分裂操作。分裂操作也是个递归的操作，它保证了空间对象插入后 R 树仍能保持平衡状态。

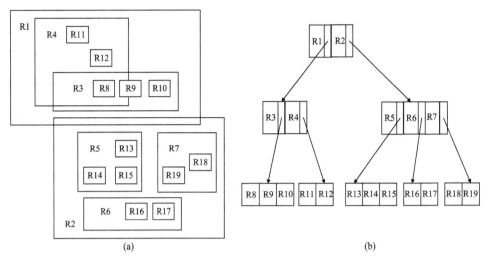

图 2.3　R 树实例

当从 R 树中删除一个空间对象，首先得从 R 树中查找到记录该空间对象所在的叶子结点，这就是 R 树的查找。从根结点开始，依次检索该空间对象的 MBR 所对子树。查询方式利用了 R 树的结构特征，减少了检索查找的范围，提高了检索的效率。查找到该空间对象所在的叶子结点后，删除该对象对应的单元。如果删除后该叶子结点的单元个数少于 m，则需要进行 R 树的压缩操作，将单元数过少的结点删除。如果父结点因此单元数也少于 m，则继续对父结点重复进行该操作。最后将因进行结点调整而被删除的空间对象重新插入到 R 树中。同分裂操作一样，压缩操作也是个递归的操作，它也保证了空间对象删除后 R 树仍能保持平衡状态，使得 R 树的每个结点单元数不低于 m 这个下限，从而保证了 R 树结点的利用率。

另外需要注意的是，R 树中兄弟结点所对应的区域可以互相重叠，这样的结构决定了到达某一区域可能存在多条路径，在便于进行插入和删除操作的同时，空间搜索效率有所降低。为提高搜索效率，可以使用兄弟结点对应区域没有重叠的 R+树，但 R+树的插入、删除等操作效率同时也会降低。除此之外，在空间数据索引方面使用较为广泛的还有 R 树的另一种改进树结构：R*树。R*树在构造时同时考虑空间区域的重叠，改进分裂算法，通过"强制重新插入"优化树结构。但是，在数据量较大、空间维数较多的情况下，R*树不能有效降低索引空间的重叠程度。

2.4.2　分布式空间索引

随着分布式计算和分布式文件管理系统的出现，人们开始致力于将分布式框架应用于海量空间数据管理的研究。但传统的空间索引结构并不适用于分布式空间数据库，因此，分布式并行空间索引机制的使用是有效利用分布式架构的关键所在。本小节将介绍三种分布式空间索引机制。

1. 并行 R 树索引机制

目前，针对 R 树构建分布式索引的研究成果比较多。这是因为 R 树是一种树状结构，每一层级存在多个分支，每次搜索时可以产生多条搜索子路径。基于 R 树的空间查询过程可以分解成若干条搜索路径，目前主要应用在多磁盘和多处理器两种环境下，将串行 R 树结构改进为并行 R 树。在多磁盘环境下，难点在于如何将 R 树叶子结点合理分配到多个磁盘中，通过并发 IO 操作提高数据吞吐量。多处理器环境下，重点在于如何分解查询以解决 CPU 并行时的负载均衡问题。Kamel 和 Faloutsos 最早在 1992 年提出了基于 R 树的并行查询机制，在单处理器、多磁盘的硬件环境中，采取 Multiplexed R 树结构，应用 proximity index、最小交叉等指标优化树结构，并证明在空间数据分布均匀时获得了较优的并行查询性能。1999 年，Schnitzer 和 Leutenegger 提出了 M-R 树和 MC-R 树，均采用主从模式，将 R 树所有非叶子结点存储在主节点上，叶子结点和空间对象直接存储在孩子结点上，在每个结点构造独立索引，然后将局部索引合并成总 R 树索引。这样的 R 树索引结构紧凑，但仍未解决数据分布不均匀时的查询效率问题。

作为主流的分布式计算框架，Hadoop 和 Spark 在机器学习、图像处理和行为模拟等多个领域用于海量数据的并行处理。然而 Hadoop 的核心框架并不能很好地支持空间数据的存储和处理，相比其他领域，Hadoop 应用于空间数据管理方面的发展较为缓慢。在商业数据库中，ESRI 公司将其核心软件 ArcGIS 与 Hadoop 集成，开发出了用于大数据空间分析的工具包 GIS Tools for Hadoop。此外，学术界提出了几种实现空间数据管理的原型系统：①SpatialHadoop，第一个基于 MapReduce 为空间数据处理提供原生支持的开源框架；②Parallel-Secondo，一个依赖 Hadoop 执行分布式任务调度的并行空间数据库管理系统；③MD-HBase，一个扩展自 HBase 的 NoSQL 数据库，用于支持多维度空间数据索引；④Hadoop-GIS，扩展自 Hive，利用规则格网索引进行范围查询和空间连接。

2. SpatialHadoop 索引机制

相较于另外几个原型系统，SpatialHadoop 有以下优势：①嵌入 Hadoop 核心框架，构建对空间数据模型的理解和支持，这是其高效管理空间数据的关键所在；②基于 HDFS 支持包括 R 树家族在内的多种空间索引结构，能灵活应对空间数据分布不均衡的问题；③除了已开发完备的邻近查询、范围查询和空间连接外，允许用户直接与 Hadoop 交互开发各种空间操作函数。将 SpatialHadoop 和 Hadoop 同时部署在 Amazon EC2 集群上作对比分析，SpatialHadoop 相比 Hadoop 在空间数据操作(范围查询、邻近查询和空间连接)效率上有了数量级的增长。

如图 2.4 所示，类似于 Hadoop，SpatialHadoop 集群包含一个 master 节点，将 MapReduce Job 划分为更小的 tasks，交给 slave 节点执行。SpatialHadoop 框架采用分层设计，包含了语言层、业务层、MapReduce 层和存储层。语言层提供了扩展自 PigLatin 的类 SQL 语言——Pigeon，支持开放地理空间信息联盟(Open Geospatial Consortium，OGC)标准下的空间数据类型和操作(如叠加分析和空间连接)。存储层使用了二级索引结构，全局索引将数据划分入各个计算节点，局部索引在每个节点内组织数据，局部索引实现了格网、R 树和 R+树三种基本结构。

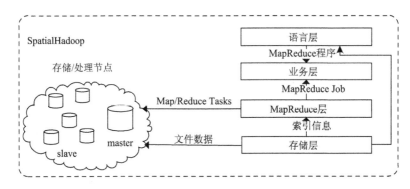

图 2.4　SpatialHadoop 架构

为了突破 Hadoop 仅支持无索引堆文件的限制，SpatialHadoop 在 HDFS 中通过构建空间索引来加快空间数据存取速度。一方面，传统的空间索引结构仅适用于面向过程编程，而 SpatialHadoop 使用函数式编程，由 slave 节点分别执行 map 函数和 reduce 函数。另一方面，格网索引和 R 树的批量加载技术还不能直接应用于 SpatialHadoop 中的大型数据集，造成索引构建效率低下。因此 SpatialHadoop 在 HDFS 内重新设计了一套索引结构：在 master 节点内构建全局索引，将空间数据划分为几部分，各个部分存储在 slave 节点中，每个节点拥有一套局部索引来管理它下面的数据。全局和局部索引的分离适合 MapReduce 编码范式，构建局部索引的过程可以并行地在 MapReduce Job 内执行，而且局部索引文件尺寸小，允许批量加载入内存。

3. MD-HBase 索引机制

RDBMS 支持丰富的多维空间数据操作但是难以扩展，key-value 数据库扩展性好但是处理空间数据的效率低，MD-HBase 通过在 key-value 存储上设置多维索引，将两种数据库的优势结合起来。MD-HBase 使用映射技术(如 Z 曲线)将多维空间信息降为一维空间数据，然后利用 key-value 数据库(如 HBase)作为数据存储支持。MD-HBase 架构包含索引层和数据存储层，索引结构采用经典的 k-d 树和四叉树索引。k-d 树和四叉树都能根据数据分布情况划分空间，在各个子空间内限制数据量大小，在分布密集区域内自动分裂出更多子区域，因此在数据分布不均时具有良好的稳健性。

下面将介绍如何让类似 k-d 树和四叉树的标准索引结构运用于键值对存储上。当空间对象以 key-value 形式存储于数据存储层时，其 key 值来自于其位置信息(location)和时间戳(Timestamp)，为了将数据按 key 值顺序存储以便提高检索速度，可以用 Z 曲线对 key 值编码。如图 2.5 所示，索引层将空间划分为概念上的子空间，对应于 k-d 树和四叉树索引结构中的正方形或矩形格网，多维空间下的格网通过索引层映射到一维的 Z 值编码。在同一子空间的空间对象拥有相同的 Z 值编码，并有序地存储到存储层[抽象模型——桶(bucket)]中。根据实际应用需求，从索引层的概念子空间到数据存储层的桶的映射可以是一对一、多对一或者是多对多的。在这里，MD-HBase 为索引层定义了一套编码机制——最长公共前缀编码。

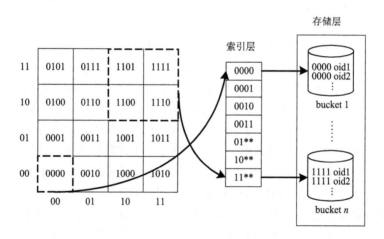

图 2.5　MD-HBase 架构图

最长公共前缀编码规则是将子空间 Z 值作为其所包含的所有对象 Z 值的前缀。如果子空间 A 包含子空间 B，则 A 是 B 的命名前缀。如图 2.6 所示，在二维平面内的二进制坐标下，每个格网代表一个子空间，也对应一个 Z 值。格网 00** 包含四个子格网 {0001,0011,0000,0010}，它们的编码拥有相同的前缀 00，该前缀也是它们父格网的编码。所以在每次格网分裂过程中，子格网的编码来自于父格网的编码加上子格网本身的编码，如 1101=11+01，11 为父格网编码，01 为子格网本身在父格网下的编号。该编码方法类似于分布式哈希表(prefix hash tree，PHT)。

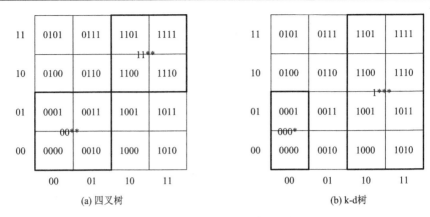

(a) 四叉树　　　　　　　　　　　　　　(b) k-d树

图 2.6　最长公共前缀编码示例

2.4.3　稀疏-稠密空间格网 R*树索引

在多节点环境下，融合空间格网索引快速构建和 R*树索引高效检索的特性，提出一种适合分布式内存计算的运行空间索引结构，即稀疏-稠密空间格网 R*树索引(SDGR*-tree)。SDGR*树是面向矢量大数据的分布式索引，特点是实时构建、结构灵活、检索高效和无更新操作。

如图 2.7 所示，SDGR*树利用基于计算量评估模型的空间划分方法，对数据空间进行迭代划分，构建空间稀疏-稠密格网(sparse-dense grid，SDG)，通过对空间格网索引的改造和优化，实现分区内计算量的负载均衡，解决数据倾斜导致的计算失衡问题。划分过程中，对于覆盖格网边界的要素采用多副本拷贝策略保证其空间完整性。在此基础上，对空间格网间并行创建格网内 R*树空间索引，利用 R*树空间利用率高、检索高效等特点，实现格网内部数据高效组织。索引结构方面，以 SDG 网格为最小内存对象单元，记录 SDG 网格的 Geohash 编码，内部要素个数、类型、复杂度等属性信息和 R*树索引结构。索引构建时，通过基于计算度量的负载均衡算法，将整体索引结构均衡存储于分布式内存，采用计算向存储调度的策略，由各节点处理器进行并行检索。基于空间索引的计算过程中，由于索引实例缓存于分布式内存，可以利用计算框架的各类转换和行为来快速并行调整索引结构，动态优化其在节点内存间的负载。SDGR*树索引结构有效解决大数据空间索引时创建缓慢、计算倾斜、索引低效等问题，满足计算过程实时创建、即用即建的需求。

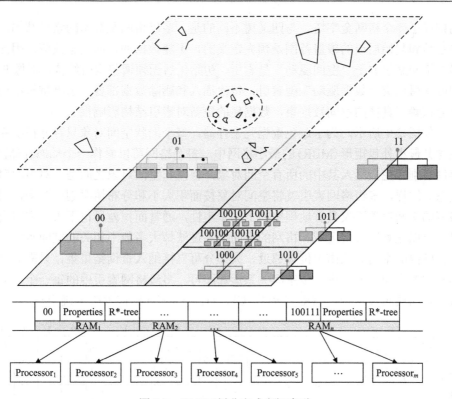

图 2.7　SDGR*树分布式空间索引

2.4.4　静态多级格网索引

　　传统的格网索引结构简单、构建效率高，但只适用于小规模的点状空间实体，不适合大规模面状空间实体的存储。传统四叉树索引可以存储面状数据，但存在数据冗余，分布不均的空间实体构成不平衡树，严重影响索引访问效率。为此，在格网索引结构上进行改进，结合四叉树结点多次分裂带来的性能优势，设计多层级格网索引。

　　如图 2.8 所示，多级格网索引的层次结构与四叉树索引类似，起始层级为一个完全覆盖地理实体空间范围的格网，

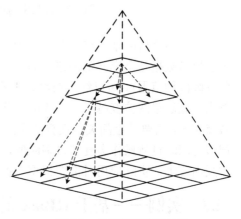

图 2.8　多级格网索引结构

每一个格网在下一层级中划分为四个子格网，直到终止层级，多个层级的格网共

同构成了一个格网金字塔。与四叉树不同的是，多级格网是静态的索引结构，层级总数和起始层级的覆盖范围是预先定义的，不随数据插入而动态改变。因此，多级格网索引属于"空间驱动"型索引，初始化后无须调整索引结构，不像 R 树和四叉树这类"数据驱动"型索引，每次插入和删除数据都要动态维持树结构，严重依赖于具体的空间数据集，数据集的更新对索引结构影响很大。

如图 2.9 所示，为了避免数据冗余存储，每个面状空间对象只存储在能完全包含其最小外包矩形(MBR)的最小格网中。每个格网可以看作一个动态存储区，存储着刚好完全落入其中的所有空间对象，格网和空间对象之间是一对多的对应关系。这样，多级格网索引就将空间对象按面积大小和分布情况划分开来，同一格网的空间对象不仅具有地理空间上的聚集性，通常面积差异也不大。空间查询时，可以先利用查询区域和格网的空间关系过滤掉大多数不相关的空间对象，余下格网内的空间对象由于位置邻近，大部分可直接纳入查询结果集，只需对少数不确定的空间对象作进一步空间关系运算即可。多级格网索引中的每一个格网都有固定的层级(L)、行号(R)和列号(C)，(L,R,C)三元组能够唯一确定一个格网。

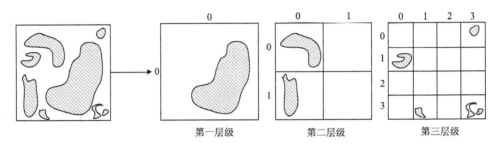

第一层级　　　　　第二层级　　　　　第三层级

图 2.9　面状空间对象与格网的对应关系

一个多级格网索引结构是由起始层级(SL)和终止层级(EL)共同决定的。因为地表覆盖数据是全空间范围覆盖的，起始层级的覆盖范围通常固定不变(如一个省的行政区划范围)，所以终止层级是影响多级格网索引性能的主要因素。终止层级越大，底层格网粒度越小，对应的空间范围也越小。空间查询时需要过滤的格网数就越多，需要做空间关系运算的空间对象就相对变少。但层级并不是越多越好，层级过深时过滤操作会耗费过多时间，而关系运算的数据量渐趋稳定，总时间成本反而变大，实际应用时需要根据数据分布情况作权衡。

2.5　实例——基于 HBase 的地表覆盖数据存储与索引设计

地理国情是以国家范围内的地表自然和人类活动的属性特征、空间变化和相互关系为基本内容，对构成国家物质基础的各种因素做出宏观性、综合性和动态性的调查、描述和分析，是一个国家基本国情的重要组成之一。地表覆盖分类数据是地理国情普查的特色内容，是数据成果的重要组成部分，是利用高分辨率遥感影像，对地形、水域、植被、荒漠与裸露地、人工表面等地表对象进行分类提取，从而得到的一个全区域覆盖的地表面状矢量要素集。每一个要素都直接反映了一个地块的基础地理信息，包括几何信息与地物分类信息。地表覆盖数据能直接反映地表地物的分布特征和变化规律，是地理国情普查工作的基础，能为水土流失评价、森林覆盖率统计、土地利用评价等地理国情分析评价模型提供可靠的数据源，为土地利用规划和相关可持续发展策略的制定提供重要依据。高效、可靠的地表覆盖数据管理方法是挖掘地表覆盖数据潜在价值的前提。

本节以地表覆盖数据为研究对象，在分析其数据特点和管理需求的基础上，选用 HBase 和多级格网索引作为数据存储和索引的解决方案，最终实现海量数据的高效管理。

2.5.1 数据特点

根据空间数据特征的普适性和地表覆盖要素的特殊性，地表覆盖数据主要有以下特点。

1) 要素形状复杂

通常通过记录面状要素的边界顶点坐标来描述其实体信息，包括要素的地理位置与几何形状。在地表覆盖要素分类中，类似耕地、建筑物等人工地物的形状较为规整，要素边界信息比较简单，而河流、道路、绿化覆盖等要素形状复杂多变，面积大小差异极大，边界信息复杂。从整体上看，地表覆盖要素都是边界信息极为丰富的复杂多边形，要素形状的复杂度导致要素间拓扑关系变得更为复杂。

2) 要素分布不均匀

地物自然属性的差异导致不同种类的要素在不同区域内的覆盖密度相差较大，同种要素在同一区域内分布不均匀，如城区内人工建筑物覆盖范围小、分布密集，而河流、湖泊跨越地理范围大、分布稀疏。

3) 数据现势性强

为了满足日常地理国情监测的要求，地表覆盖数据通过定期批量更新来保持其动态性和现势性。因此，地表覆盖数据不仅有一般矢量要素的空间特性，还兼具时间特性。为了从时间轴的角度纵向分析对比地表覆盖的变化情况，除了要记录当前时效的地表覆盖数据，还要维护多个历史版本数据。

4) 数据体量庞大

地表覆盖数据表达了全区域地表范围内的地物分类情况，要素覆盖无缝隙、无重叠，要素分布十分密集。以某省为例，仅一个县一期数据的地表覆盖要素量就有15 万左右(与地物分布情况及区域面积有关)，全省要素总量更可达千万级别。由于采集自高精度的遥感影像，地表覆盖要素包含的地物属性信息十分丰富，边界信息的精确性提高了其几何信息的复杂度，仅单个要素的信息容量就大于普通的矢量要素。随着多期地理国情普查成果的录入，地表覆盖数据量将变得十分庞大，图 2.10 为某地区地表覆盖数据。

图 2.10[*]   某地区地表覆盖数据

根据上述对地表覆盖矢量要素特性的分析，可以看到与一般的空间数据相比，地表覆盖数据体量更大、结构更复杂、时效更短。同时，地理国情监测工作对基于地表覆盖数据的实时访问、统计与分析提出了更高要求。因此，地表覆盖数据管理必须满足两个需求：海量的存储能力和高效的检索性能，而这些都是以良好的存储和索引设计为基础的。

2.5.2   存储设计

地表覆盖要素的高密集性、复杂性和现势性导致地表覆盖数据体量的不断增长，而海量的空间数据存储能力是挖掘地表覆盖数据价值的基本前提。根据本章对空间数据库的分析，一方面，传统的基于关系型数据库的空间数据存储模式早已无法满足海量空间数据的存储容量需求；另一方面，现有的基于非关系型数据

---

* 彩图以封底二维码形式提供，后同。

库的空间数据存储方案也无法同时适应地表覆盖数据的空间和时间特性。因此，基于 HBase 存储地表覆盖数据，需要实现其空间、时间和属性数据的一体化存储。

　　将地表覆盖数据存储在 HBase 表中，每一条记录对应一个矢量要素，存储要素的实体信息和属性信息，便于以完整的矢量要素为基本单位进行查询、添加、修改和删除等操作。在 HBase 表中，每一条记录应该由唯一的编码标识和定位，这个编码就是 Row Key。HBase 数据模型不能提供类似关系型数据库的关系查询功能，仅能根据 Row Key 进行数据的直接访问或范围扫描，因此 Row Key 是影响 HBase 数据访问和存取速度的关键，应该与实际应用需求紧密结合。根据地表覆盖数据逻辑模型，FEATID 是分区独立编制的，在将数据合并导入 HBase 时会出现编码重复的情况，因此有必要对所有矢量要素重新编码。根据实践，行政区划结合地理国情分类码的要素查询方式最为普遍。为了保证属于同一行政区、同一分类下的地表覆盖数据在数据表中聚集存储，一般采用 RegionCode+CC+FID 的编码方式作为矢量要素唯一编码（OID,Object ID），并将其作为 HBase 数据存储表的 Row Key。其中，RegionCode 为 12 位行政区划编码，即省级、地级和县级的三级分类码组合，CC 为 4 位地理国情分类码，FID（feature ID）为 8 位矢量要素编码，来自于 FEATID 字段。为了应对数据的批量更新操作，每一条记录的时间戳定义为不同批次数据的时间版本，访问矢量要素时默认获取最新的一条数据记录，即最新版本的要素信息。通过维护时间版本可以很方便地实现现势数据和历史数据的访问与管理。

　　从逻辑视图上看，地表覆盖矢量要素在数据表中首先根据行政区分区存储，在同一行政区的记录范围内再根据分类码分片存储，在同一分类下按 FID 字典序排列，同一要素的记录按时间版本从大到小排序。这样，地表覆盖数据在 HBase 存储表中按这种线性组织方式被存储。数据存储表记录访问逻辑过程如图 2.11 所示。

图 2.11　HBase 存储表数据组织逻辑

　　根据 HBase 物理模型，同属于一个 Column Family 的列存储在同一文件上，为了减少磁盘访问次数，要将逻辑上相关联的数据存储在同一 Column Family 下。本实例在存储表中设计了两个 Column Family。

　　(1) COLUMNFAMILY_GEOMETRY 包含列 Geometry，用于存放矢量要素实体信息，包括位置坐标和几何信息，来自 SHAPE 字段，将 SHAPE 文件记录的空间参照和几何坐标转换为 WKT 格式存储。

　　(2) COLUMNFAMILY_PROPERTY 存储矢量要素属性信息，除了地理国情分类码外，还包括要素标题（Caption）、要素长度（Length）、要素面积（Area）、要素状态（UpdtStat）等列。表 2.1 为 HBase 数据表逻辑结构。

表 2.1　HBase 数据表逻辑结构

Row Key	Timestamp	COLUMNFAMILY_GEOMETRY		COLUMNFAMILY_PROPERTY				
		Geometry	CC	Caption	Area	Length	UpdtStat	
	T_3	$SHAPE_3$	1020	里湖			Mod	…
OID	T_2	$SHAPE_2$	1020	里湖			Mod	…
	T_1	$SHAPE_1$	1020	里湖				…

2.5.3　索引设计

地表覆盖数据的实时展示和统计分析工作以高性能和高精度的数据检索能力为前提。空间数据的查询操作一般从属性特征和空间分布两个角度分别进行，而基于地表覆盖数据的查询还要考虑其时效性。将时间、空间和属性三个特征维度结合起来综合进行数据实时访问，例如，快速检索出某一区域内某一地物分类下的某一期地表覆盖数据，这无疑提高了数据检索的难度。

地表覆盖数据不同于一般的面状空间数据，其具有要素形态不规整、数据体量庞大、分布极不均匀等特点。传统的空间对象索引（R 树和四叉树）是动态建立的，插入数据时要经过结点分裂和调整索引结构的过程，面对海量空间数据，索引构建效率低下，且易分裂产生深层级结构从而影响数据存取速度。同时，在数据大批量更新时，需重构整个索引结构，不适合构建基于多期数据的索引。因此，本例使用静态多级格网索引，将空间数据有效地划分入子集，依托于 HBase 强大的数据随机访问能力，在索引中快速定位到空间对象候选集，减轻数据精炼的压力，从而提高空间数据搜索效率。

为了持久化格网与地表覆盖矢量要素间的映射关系，需要在 HBase 中建立索引表，一条记录与多级格网索引中的一个格网对应，存储该格网下的所有矢量要素，以便在空间查询时快速访问到指定格网内所有地表覆盖数据。与矢量要素在数据存储表中的存储形式类似，格网在索引表中也应该由唯一的编码（GID，Grid ID）标识和定位，该编码值就是索引表的 Row Key。由上可知，多级格网金字塔中的每个格网由层级、行号和列号唯一确定，是为了将三维的格网结构映射成一维字符串存储在索引表中。这里设计了基于(L,R,C)三元组的编码方法，利用 Z 曲线对格网的行号和列号降维编码，借助 Z 曲线的空间聚类特性保证在同一层级上相邻的格网在物理存储上也是连续的。

格网编码方式如图 2.12 所示。将(L,R,C)转化为二进制字节重新编排组织，构成 64 位的二进制线性编码。最高位为符号位，次高 5 位代表格网层级，可表示

的层级有 0~31 级。该 Z 曲线编码有 29 级，行列号通过二进制位交叉运算转化为
Morton 码，每一层级最多能存储 $2^{29} \times 2^{29}$ 个格网。

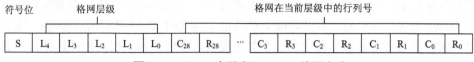

图 2.12　HBase 索引表 Row Key 编码方式

采用该编码方式后，格网在索引表中首先按照层级排序，从起始层级依次排
列到终止层级，然后在每一层级的记录范围内按照行列号 Z 值排序。该编码方式
有两个优势：一方面，基于层级、行列号的统一编码，确保了编码值的唯一性；
另一方面，在空间查询访问多级格网索引时，一般采用自顶向下逐层遍历的方式，
直到找到符合查询条件的格网,格网在索引表中的组织顺序符合查询的逻辑过程，
保证了格网优先按层级组织以及同一层级格网的聚集性和连续性。

为了将格网覆盖范围内的所有矢量要素对应到该格网，每一条索引表记录的
值用于存储矢量要素的 OID，即矢量要素在数据存储表中的 Row Key 值。有如下
两种方式存储矢量要素：①将所有 OID 连接成字符串存储为一列，OID 间用特定
符号分隔开，每次检索矢量要素时要在所有 OID 内查找，降低了检索性能；每次
插入要素时要修改该列的值，降低了索引构建速度。②由 HBase 数据模型可知，
Column Family 下的列成员是可以任意扩展的，因此可以将一个矢量要素存为一
列，Column Qualifier 为要素的 OID，HBase 可以通过 get 操作直接访问特定列标
识下的数据。多级格网索引、HBase 存储表和索引表三者的映射关系如图 2.13 所
示，这样就将格网和矢量要素紧密地联系了起来，通过索引表加快了格网索引的
访问，进而加快了空间查询时矢量要素在存储表中的存取。

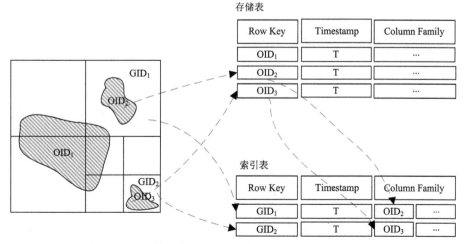

图 2.13　多级格网索引、HBase 存储表和索引表的映射关系

为了将矢量要素分类存储，按照地理国情分类码定义索引表 Column Family，每一个 Column Family 对应一个 CC 码，Column Family 中的列存储相应分类下的所有矢量要素。同一时间版本的矢量要素数据用 Timestamp 标识，与数据存储表的 Timestamp 保持一致。索引表每个 Cell 的值为(GID,CC:OID,Timestamp)，能够唯一映射到地表覆盖数据集中的一个矢量要素。多级格网索引表的逻辑结构如表 2.2 所示。

表 2.2　HBase 索引表逻辑结构

Row Key	Time Stamp	COLUMNFAMILY_CC$_1$					COLUMNFAMILY_CC$_2$
GID	T$_3$	OID$_1$	OID$_2$	OID$_3$	OID$_4$	OID$_5$	...
	T$_2$	OID$_1$		OID$_2$		OID$_3$	
	T$_1$	OID$_1$			OID$_2$		

上述地表覆盖数据存储与检索(750 万个地表覆盖多边形图斑)方法已经应用于某省地理国情数据发布系统中，该方法能够满足大规模地表覆盖数据的高效管理、实时检索与统计分析需求，且具有良好的扩展性。实践表明，基于 HBase 实时分类统计全省地表覆盖数据面积、长度耗时仅 25s，自定义空间范围查询统计响应时间在 10s 以内，属性查询统计时间在秒级以内，满足了实际应用需求。

第 3 章　高性能时空大数据计算

空间数据体量、精度不断提高，以及空间分析复杂度增加、计算范围不断扩大等，给传统 GIS 方法带来巨大挑战。同时，空间数据还具有组织异构、分布不均衡、实体关联性强等特点，继而导致空间数据无法直接分割以适应云环境下的并行计算范式。传统的并行空间计算方法大多面向特定的应用场景，缺乏对空间实体关联关系及分布特征的考虑，未能形成空间大数据组织存储、划分计算、效率优化等在内的并行计算方法体系。

针对上述问题，本章围绕云环境下的空间大数据划分、并行空间计算效率优化等主题展开讨论，充分考虑空间操作的子域分布特征，将空间计算分为无空间依赖、弱空间依赖与强空间依赖来阐述数据划分与并行化方法，最后给出实例基于分布式内存计算的并行二路空间连接算法。

3.1　时空大数据高性能计算策略

目前空间数据并行化计算主要依托于三种并行计算架构：共享内存(share-memory)、分布式共享内存(shared-distributed memory)以及通用计算图形处理器(general purpose GPU, GPGPU)。这三种模式在数据共享、任务调度等方面的巨大差异导致空间数据并行计算算法可移植性差，每一种计算架构下的并行算法都有其适用范围与局限性，具体表现在以下三点：

(1)共享内存架构有限的内存与扩展性无法适应空间大数据处理。

(2)基于分布式共享内存架构的并行空间计算算法尚不成熟，缺乏考虑空间大数据特点的统一并行空间计算方法理论。

(3)基于 GPGPU 并行的优势在于矩阵运算，复杂空间几何计算能力、横向扩展能力有限。

MPP(massively parallel processing)，即大规模并行处理，在数据库非共享集群中，每个节点都有独立的磁盘存储系统和内存系统，业务数据根据数据库模型和应用特点划分到各个节点上，每个数据节点通过专用网络或者商业通用网络互相连接，彼此协同计算，作为整体提供数据库服务。非共享数据库集群具有完全的可伸缩性、高可用、高性能、优秀的性价比、资源共享等优势。常见的 MPPDB 有 GreenPlum、Aster Data、Nettezza、Vertica 以及 GBase 8a MPP Cluster 等。与 Hadoop 相比，MPP 适合替代现有关系数据结构下的大数据处理、多维度数据自助分析、数据集市等；Hadoop 适合海量数据存储查询、批量数据 ETL、非结构化数据分析（日志分析、文本分析）等。

云计算（cloud computing）是一种可以实现动态且按需地从可配置计算资源共享池中获取所需资源的服务模型。云计算的特性能够很好地解决大数据计算的容错性、可用性与扩展性问题。云环境下的并行计算范式本质上是一种单指令多数据流的并行（single instruction multiple data，SIMD），该范式要求将独立且无共享的数据集部分进行并行处理，然而空间数据具有组织异构、空间分布不均衡、空间关联性强等特点，这导致空间数据无法直接分割以适应云环境并行计算范式。

本节将围绕云环境下的并行计算，对云环境下的并行计算范式及基于操作结构的并行空间计算流程展开介绍。

3.1.1 云环境下的并行计算范式

云环境下的并行计算范式采用无约束并行与子作业依赖关系的抽象，简化了在云计算节点上空间大数据并行分析的处理流程，基于这种抽象，MapReduce、弹性分布式数据集等并行编程模型实现了任务划分、执行流程构建、容错处理、本地化计算等功能，满足了高并行、高可靠、可扩展的要求。本节主要总结了基于云环境的并行计算范式下子任务应遵循的约束与依赖关系。

定义 3.1　无约束并行：在并行计算中，若存在作业 J，该作业可以通过划分函数 P 分成多个可以同时独立执行的子任务集合 $T = \{t_1, t_2, \cdots, t_m\}$，$J = \sum_{i=1}^{|T|} t_i$，假设任意子任务间的通信代价为 C，若 $\forall i, j \in \{x | 1 \leqslant x \leqslant |T|\}, i \neq j, t_i \bigcap t_j = \phi \wedge C(t_i, t_j) = 0$，则称 J 为满足无约束并行计算的作业。

满足无约束并行计算的作业通常不需要共享输入数据，并且子任务之间不需要相互同步通信。

定义 3.2　依赖同步：若存在两个满足无约束并行计算的作业 J_1 和 J_2，若 J_2 的处理过程依赖于 J_1 的输出结果，且 J_1 的所有子任务执行完成后 J_2 才能执行，在 J_1 和 J_2 之间存在一个同步通信的过程，则称 J_1 和 J_2 满足依赖同步关系。

在依赖同步的定义中，当且仅当所有的子任务执行完成后才能开始 J_2 的执行，然而在很多场景中，J_2 的每个子任务仅仅依赖 J_1 的部分子任务输出结果，却需要等待所有的子任务执行完成后才能执行 J_2 的子任务，这会造成 J_2 的部分子任务闲置，降低整体执行效率。此外，一旦 J_2 的某些子任务的计算数据损坏，为了恢复该子任务，其所依赖的作业的子任务必须要全部重新执行。为了解决上述问题，将作业之间的依赖关系拆分为可合并依赖和不可合并依赖。

定义 3.3　可合并依赖：若存在两个满足无约束并行计算的作业 J_1 和 J_2，J_1

通过任务划分后的子任务集合为 T_{J_1}，J_2 通过任务划分后的子任务集合为 T_{J_2}，若 $\forall t_i \in T_{J_1}$，最多存在一个子任务 $t_j \in T_{J_2}$ 的计算过程依赖于 t_j 的输出结果，则称 J_1 和 J_2 是可合并依赖关系，且 J_2 可合并依赖于 J_1。

定义 3.4　不可合并依赖： 若存在两个满足无约束并行计算的作业 J_1 和 J_2，J_1 通过任务划分后的子任务集合为 T_{J_1}，J_2 通过任务划分后的子任务集合为 T_{J_2}，若 $\forall t_i \in T_{J_1}$，存在两个及两个以上的子任务 $t_j \in T_{J_2}$ 的计算过程依赖于 t_j 的输出结果，则称 J_2 依赖于 J_1，但是 J_2 不可合并依赖于 J_1。

如图 3.1 所示，作业 J_1 中有 3 个子任务，$\forall t_i \in T_{J_1}$ 与 $\forall t_j \in T_{J_2}$ 都是一对多的关系，因此 J_2 可合并依赖于 J_1。$\forall t_j \in T_{J_2}$ 都作为了 $\forall t_j \in T_{J_3}$ 的输入，因此 J_2 与 J_3 是不可合并依赖关系。

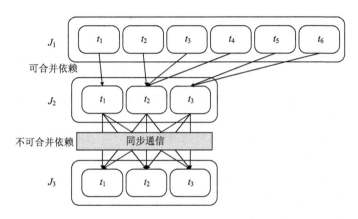

图 3.1　可合并依赖和不可合并依赖

区分可合并依赖与不可合并依赖有以下两个原因。

(1) 当 J_2 可合并依赖于 J_1 时，且在一个计算节点上的所有子任务都依赖于同一计算节点上 J_1 的子任务时，J_1 与 J_2 的子任务可以流水线的形式执行，不需要和其他节点进行同步通信。相反，不可合并依赖必须要等待其他计算节点上的子任务全部完成输出，并通过进行同步通信操作后才能进行下一个作业。

(2) 可合并依赖作业的部分子任务计算失败后只需要重新执行丢失的子任务，而在不可合并依赖的作业中，一个子任务的丢失会导致重新计算整个依赖的作业。

3.1.2　基于操作结构的并行空间计算流程

与空间数据的存储组织类似，空间数据的分析处理化有多种实现方法，但这些实现方法都可以通过一个统一的流程化定义来表达。传统的流程化定义中包括一系列图层，每个层都包含一类空间实体(空间实体是地图模型中的基本处理单元，本书将位置或者空间对象统称为空间实体)的数据集合。在图层上可以通过各种操作(operation)生成新的图层，空间操作是应用在空间对象上的函数，空间操作的有序排列组成了空间分析的步骤(procedure)，如图 3.2 所示。

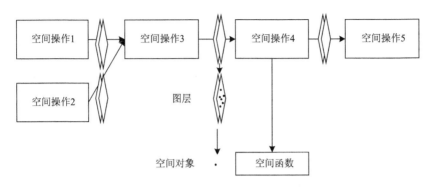

图 3.2　空间数据分析步骤

以前空间分析应用通常在单机处理器上运行，算法不是面向并行处理架构设计的，无法直接利用多核处理器提升空间分析的计算效率。此外，并行处理涉及共享或分布式的存储管理、任务调度、多计算单元通信等诸多细节。实现空间操作的并行化需要解决以下几个基本问题：

(1)识别空间分析中可并行化的空间操作。

(2)将该空间操作划分成多个可独立执行的子任务。

(3)将子任务调度给多个计算单元。

(4)计算单元独立处理子任务。

(5)合并计算单元中的结果。

通过将空间操作解构成并行执行的多个步骤，从而实现通用的空间数据并行分析流程。如图 3.3 所示，空间分析的步骤仍然是多个空间操作的有序排列，不同的是每个空间操作都分解成了四个子操作，即空间子域划分、任务分发、子任务执行和结果合并。

1. 空间子域划分

由于空间数据是带有空间分布属性的，本书将由空间数据划分的子集称为空间子域。空间子域是通过数据划分策略形成的图层中空间实体的子集合。

空间子域由计算实体与辅助实体组成(图 3.4)。计算实体是指需要在该子域中执行空间操作函数的实体，辅助实体是辅助计算实体执行空间操作函数的实体。例如，在 k 邻近连接操作中，与计算实体最相近的 k 个实体即为辅助实体。在很多情况下，计算实体本身也是辅助实体。一个空间子域中辅助实体越多，计算冗余度越高。空间子域分布是指子集合内计算实体所依赖的辅助实体集合的最小覆盖范围，通常会用辅助实体集合的最小外包矩形框表示。空间实体分布是任务划分的重要依据，它确定了子任务独立执行的边界。本书在后面会详细讲述不同空间操作的空间子域分布特征以及对应划分策略。

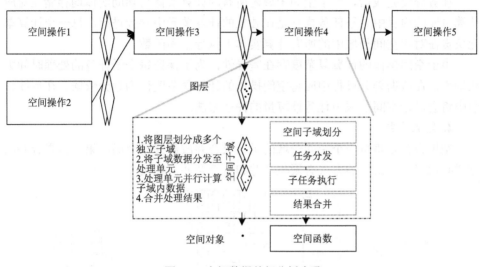

图 3.3　空间数据并行分析步骤

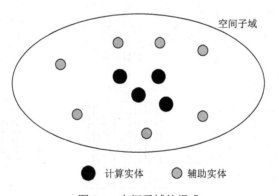

图 3.4　空间子域的组成

　　根据空间操作类型以及空间数据表示模型的不同，空间子域可以通过不同的数据划分策略生成。空间子域的粒度必须要平衡并行度与任务分发代价，当并行度过大时，会增加任务分发调度代价，当并行度过小时，无法充分利用多核的计算资源，也会降低空间计算效率。

2. 任务分发

　　当空间子域分布确定后，需要将同一空间子域内的实体聚集形成独立的子任务，然后将子任务分配至处理单元执行。任务分发控制着并行任务的执行方式，并行任务的执行过程可以看作一个流水线。任务分发一般由任务调度器(task scheduler)完成。

3. 子任务执行

任务分发完成后，一个空间子域内所有的计算实体与辅助实体均存储在对应计算单元的内存中。子任务执行是在独立的计算单元中并行进行，每一个计算单元负责在对应空间子域中的所有计算实体上执行空间函数。

由于空间操作的计算复杂度存在差异性，为了保证每个子任务的处理时间大致均衡，在数据划分过程中应将空间操作的计算复杂度作为划分依据。在后续章节中将会讨论空间子域中任务计算量的评估方法。

4. 结果合并

结果合并是将每一个空间子域的子结果合并成最终的全局结果。结果合并的方式有很多，最常用的方式有聚集合并和拼接合并，如图 3.5 所示。

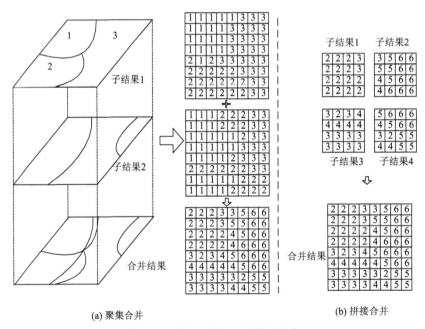

(a) 聚集合并　　　　　　　　　　　　　　(b) 拼接合并

图 3.5　结果合并的两种常见形式

聚集合并是在子结果集中相同位置的实体上执行聚集函数(如累加、取最大值、最小值、平均值、随机值等)。这种结果合并方式常见于 LBR 类空间实体的标量值计算中，如面积计算、频率统计、周长计算等。

拼接合并是指将子结果集按照空间子域的位置关系拼接成最终的结果。空间子域分布的不规则性导致部分空间子域分布范围重叠，拼接合并可能还会产生数据冗余。如图 3.6 所示，空间实体 r 和 s 跨越了四个子域区域，在进行并行空间连接操作时，每一个子域都会对 r 和 s 进行空间连接判断，输出四对相同的匹配结果，因此要采取必要的措施避免出现重复的结果。

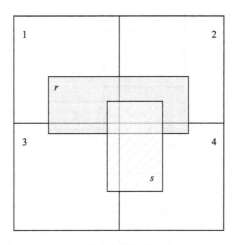

图 3.6　结果合并中的冗余现象

3.2　空间数据划分策略

好的数据划分策略能够降低数据冗余，进而减少子任务间的数据交换。针对这一问题，本节对空间数据划分策略展开介绍。

3.2.1　面向解构的空间操作分类及其空间子域分布特征

本节根据空间实体计算过程中与其他实体的依赖关系将空间操作分为无空间依赖、弱空间依赖和强空间依赖三种类型，抽象了各类空间操作的空间子域分布特征，为设计数据划分策略提供依据。

1. 无空间依赖空间操作及其空间子域分布特征

无空间依赖空间操作是指在一个空间子域中操作函数仅仅作用于当前的计算实体，不需要辅助实体参与计算。

因为无空间依赖空间操作中空间子域的计算实体不依赖于任何辅助实体，所以其空间子域的分布为空，空间子域内包含的实体全为计算实体，这意味着数据划分相对简单，无须考虑实体间的依赖关系，可以以空间实体为基本单位划分成 n 等份，形成 n 个子任务。如图 3.7 所示，当任务分发至处理单元后，一个处理单元每次处理一个子任务，每个子任务负责利用操作函数计算新的空间实体的值，任意子任务间的通信代价为 0，这满足了无约束并行计算的条件。

通常情况下，将数据划分成 n 等份中的"等"是指任务计算量相等，如果任务中的计算量不均匀，一些包含更多数据的任务将耗费更长的时间完成，会造成整体性能的降低。因此，空间数据划分算法可以归纳为两类：自底向上方式和自顶向下方式。

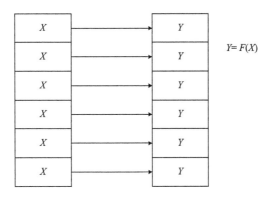

图 3.7 无空间依赖空间操作并行化

自底向上方式是假设 R 为空间实体集合，n 为子任务的数量，首先将 R 划分成 N 个 R_i，使得 $R=\bigcup_{i=1}^{N}R_i$，$N \gg n$，然后将 R_i 以 round-robin 或 hash 的方式映射到 n 个子任务的子域中。SJMR、SpatialHadoop、GeoSpark 等都是按照自底向上的方式实现云环境下的空间数据划分。

自顶向下方式是将全局空间域划分成固定数量的区域，每一个区域对应一个子任务区域，迭代查找超过指定计算任务量的子任务并分解，将原子任务区域内部的对象重新分配到分解后的子任务中，直到所有 partition 的计算任务都小于指定计算负载。大多数基于空间索引的并行计算，如 R 树和 R+树都是按照这种方式划分计算任务。

相比自底向上的方式，自顶向下的方式能根据空间数据以及空间操作的特点设计任务计算量评估方法，能够更细粒度地均衡计算负载，但是迭代划分的方式复杂，尤其是在云环境中，每次迭代都会产生节点间过程数据的传输，这会加大网络负载。

基于上述原则，3.2.2 节中设计了两种无空间依赖空间操作的数据划分方法。

2. 弱空间依赖空间操作及其空间子域分布特征

弱空间依赖空间操作是指在一个空间子域中生成每一个计算实体的新值时，操作函数依赖于当前计算实体具有"确定范围关系"的空间实体，这里将处于"确定范围关系"内部的空间实体统称为邻居，这种范围关系称为"邻域"。

因为空间操作中实体的邻域是规则的，空间子域分布是计算实体邻域的和，所以空间子域的分布也是规则的。弱空间依赖空间操作数据划分策略首先需要确定空间实体的邻域范围以及实体分组，然后将当前分组空间实体与邻域范围内的空间实体划分至同一空间子域中。

如图 3.8(a) 所示，生成 Y_1 需要关联的邻居包括 X_1，X_2，X_3，X_4，假设 Y_1 对应的空间子域为 t_1。生成 Y_2 需要关联的邻居包括 X_3，X_4，X_5，X_6，假设 Y_2 对应的空间子域为 t_2。为了满足无约束并行计算条件，t_1 与 t_2 之间的通信代价必须为 0，即 t_1 与 t_2 无法共享数据，因此在进行数据划分时，X_3 和 X_4 需要同时划分至 t_1 与 t_2 中，造成数据冗余。数据冗余会增加数据分发的网络开销，也会加大并行计算的任务量，因此，数据划分策略需要在满足任务无依赖并行的同时尽量降低数据冗余。将空间实体按照空间分布进行分组，使得空间上相近的实体划分至同一空间子域中，通过空间子域内计算实体共享辅助实体能够有效降低数据冗余。如图 3.8(b) 所示，将生成 Y_1 与 Y_2 的计算合并至同一个空间子域中，假设该空间子域为 t_3，则 X_1，X_2，X_3，X_4，X_5，X_6 划分至 t_3 中，Y_1 与 Y_2 的计算共享了辅助实体 X_3 和 X_4。在 t_3 中，Y_1 与 Y_2 的生成是串行执行的。当空间子域中计算实体共享的辅助实体越多时，数据冗余越小，但是并行粒度也会降低，反之亦然。

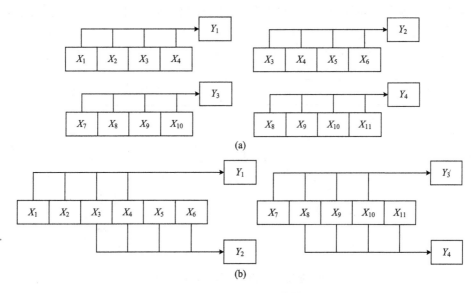

图 3.8　弱空间依赖空间操作的并行化

3. 强空间依赖空间操作及其空间子域分布特征

强空间依赖空间操作是指在一个空间子域中生成每一个计算实体的新值时，计算实体的邻域范围是不确定的，这种不确定性表现为两个方面：①邻域可能在某个范围内，但是这种范围无法精确计算得出，且每一个计算实体的邻域都是动态变化的；②一个空间子域中生成每一个计算实体的新值时，操作函数依赖全局区域的空间实体的值，即邻域是一个全局范围，计算实体依赖的邻居离散分布于全局空间。

在第一类强空间依赖空间操作中，无法根据空间子域内实体的邻域范围直接计算空间子域分布范围，但是每个空间子域的最优分布是客观存在的。在这种情况下需要一个迭代探索式的过程逼近每一个空间子域的最优分布，最后生成一个预估的接近最优的空间子域分布，这个分布范围必须覆盖最优分布范围。在 3.2.4 节中提出了基于格网均匀扩张的不规则子域范围确定方法和基于 Voronoi 不规则空间子域范围确定方法，解决了在 k 邻近操作中的空间子域范围确定问题。

在第二类强空间依赖空间操作中，如果将全局空间范围作为每一个空间子域的分布范围，会产生巨大的数据冗余。在这类操作中，每一个空间实体的新值通常是可以独立计算的，只是在计算过程中操作函数依赖某个参数，该参数是通过全局区域的空间实体的值计算而来，且该参数本身的冗余代价可以忽略不计。因此，可以通过将操作拆分成两个步骤实现这类空间操作的数据划分。第一步，计算出操作函数依赖的参数，并将参数传播至各计算单元；第二步，按照无空间依赖空间操作或弱空间依赖空间操作的数据划分策略划分数据，每一个子任务都可以获得参数的副本并独立完成计算过程。第一步实质上是一个归并计算的过程，如图 3.9 所示，子结果集被独立地计算出来并逐级并行合并成最终的结果。

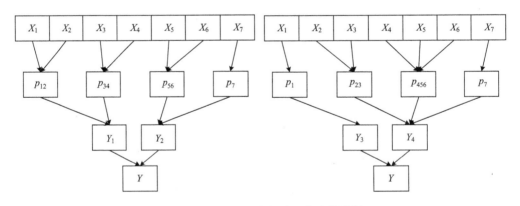

图 3.9　强空间依赖的空间并行化计算过程

3.2.2　无空间依赖空间操作的数据划分方法

无空间依赖空间操作中数据划分时无须考虑实体间的依赖关系，只需要考虑空间子域之间的任务计算量均衡即可。空间子域任务计算量是通过空间计算复杂度、内存消耗与 IO 消耗量三个维度综合评估的，空间子域中计算实体数决定了内存消耗，而空间子域中计算实体的组织方式则控制着计算复杂度和 IO 消耗。因此，在无空间依赖空间操作中，对并行空间计算性能影响最大的是空间子域中计算实体的组织方式。

下面介绍的基于默认子域的无空间依赖空间操作数据划分方法——DSBD 和

基于格网子域的无空间依赖空间操作数据划分方法——GSBD，分别按照默认数据分块和空间格网来组织计算实体。

1. 基于默认子域的无空间依赖空间操作数据划分——DSBD

DSBD 的基本思路是按照数据集的默认组织方式将数据划分成大小相等的 M 个子集，由于数据记录是无序组织的，每个子集中的实体可能分布在全局空间范围。如图 3.10 所示，HDFS 在存储数据时已经将数据划分成大小相等的块(block，默认为 64MB)，这意味着在数据划分阶段，无须经过网络 IO，DSBD 的代价为 0。每个子任务并发地读取 HDFS 上的块数据，形成默认的空间子域(Default Subdomain<GEO>)，其中 GEO 代表块中对象的几何实体，计算单元负责独立地计算(compute)空间子域中的实体数据，生成对应的子结果集(subresult)，子结果集可以按照聚集合并和拼接合并(merge)的方式生成最终结果(finalresult)。

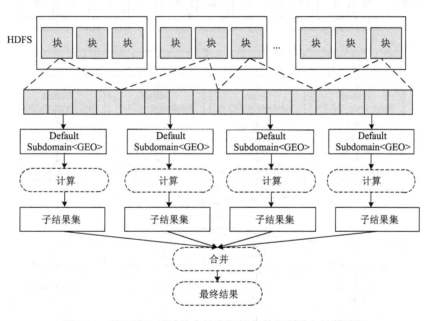

图 3.10　基于默认子域的本地空间操作数据划分与计算流程

DSBD 是最简单有效的本地空间操作数据划分方式，数据划分代价为 0，这种方法以云计算范式中最自然的任务划分方式处理空间数据，因而具有很高的计算效率。但是应用场景有限，只能处理结果合并方式简单的本地空间操作，如频率图计算、空间实体几何属性计算等。

2. 基于格网子域的无空间依赖空间操作数据划分——GSBD

与 DSBD 的数据划分不同，GSBD 的基本思路是将数据按照统一大小的格网划分空间子域，每一个空间子域中只包含与对应格网相交的空间实体，因此子任务可以在结果合并前计算对应格网区域的所有空间实体，甚至可以在正式结果合并前合并格网范围内的结果。如图 3.11 所示，在数据划分阶段，每个子任务并发地读取 HDFS 上的块数据，形成默认的空间子域（Default Subdomain<GEO>），利用 mapToGrid 将 Default Subdomain<GEO>中的实体按照空间位置映射到格网，生成 Default Subdomain<GridID, GEO>，子域中的每一个实体都有一个格网标签 GridID，GridID 代表实体所属的格网，一个实体可能对应多个格网，最后将所有拥有相同 GridID 的实体汇聚（Shuffle）到一个格网子域（Grid Subdomain<GEO>）中，计算单元负责独立地计算格网空间子域中的实体数据，生成对应的子结果集，子结果集可以按照聚集合并和拼接合并的方式生成最终的结果。

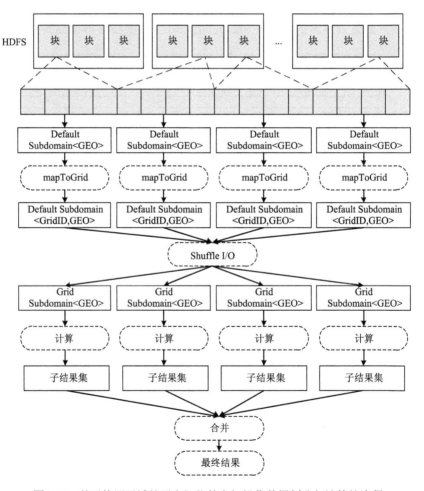

图 3.11　基于格网子域的无空间依赖空间操作数据划分与计算的流程

此外，空间实体映射到格网的过程中可能会跨越多个格网区域，GSBD 可以根据情况采取以下处理措施。

(1)对于可切分的空间操作,可将空间实体按照格网边界切分成片段分发至对应格网,这种方式不会产生数据冗余(如面积量算可以将一个空间实体切分成多个片段,最后将片段的面积累加求和得出空间实体的总面积)。

(2)对于不可切分操作(如拓扑关系判断),可将空间实体冗余映射至与之相交的格网,但是在子任务计算或结果合并中要采取必要措施避免或者消除重复计算。

DSBD 和 GSBD 各有优缺点,前者在数据划分阶段的代价为 0,但是在结果合并阶段代价昂贵,而后者则利用格网划分的方式将数据聚集于格网子域,聚集的过程通常伴随着网络消耗,但是可以将部分结果合并任务移交至子任务计算阶段。

3.2.3　弱空间依赖空间操作数据划分方法

与无空间依赖空间操作无须辅助实体不同,弱空间依赖空间操作是指生成空间子域每一个计算实体的新值时,计算实体所依赖的辅助实体分布在某种确定的规则邻域范围内,这种邻域范围在数据划分前就是确定的。在数据划分时,为了提高辅助实体的利用率,通常要将邻域范围重叠的实体划分至同一空间子域中。因为空间操作中实体的邻域是规则的,空间子域分布是计算实体邻域的和,所以空间子域的分布也是规则的。

针对范围分布的规则空间子域、范围时空分布的规则空间子域以及异构数据叠加误差导致的规则空间子域三种空间子域分布形态,下面分别介绍面向空间范围连接的规则邻域空间操作数据划分方法——RDJOD、面向时空立方体的规则邻域空间操作数据划分方法——SCOD、面向异构数据叠加计算的空间数据划分方法——SDHDOC。

1. 面向空间范围连接的规则邻域空间操作并行化方法——RDJOD

空间范围连接是空间分析中最常用的操作之一,该操作的主要目的是找出两个或多个图层中所有满足特定空间距离范围条件的空间实体对。空间范围连接包括两个空间数据集和一个距离阈值 ε,空间范围连接输出一个图层中每一个空间实体与另一个图层中距离在 ε 内的空间对象。

空间范围连接涉及大量空间实体之间的距离计算,我们可以对数据集构建空间索引,然后基于空间索引实现空间距离连接。但是在很多应用场景中,空间索引的构建代价大于执行空间距离连接的代价。不过通过 RDJOD 将数据进行划分,利用云环境下的并行计算能力能够有效解决上述问题。

1)空间范围连接定义

为了定义的统一性,本节采用的距离准则为欧氏(Euclidean)距离,表示为

$$\text{dist}(p,q) = \left(\sum_{i=1}^{d} |p_i - q_i|^2 \right)^{1/2} \tag{3.1}$$

定义 3.5　空间范围连接：简称 εRDJ，给定在欧氏空间中的空间对象图层 $= \{p_0, p_1, \cdots, p_{n-1}\}$ 和 $Q = \{q_0, q_1, \cdots, q_{m-1}\}$，以及一个距离区间 $[\varepsilon_1, \varepsilon_2]$，其中 $\varepsilon_1, \varepsilon_2 \in R^+, \varepsilon_1 \leqslant \varepsilon_2$，$P$ 和 Q 的空间范围连接为

$$\varepsilon\text{RDJ}(P,Q,\varepsilon_1,\varepsilon_2) = \{(p_i, q_j) \in P \times Q \mid \varepsilon_1 \leqslant \text{dist}(p_i, q_j) \leqslant \varepsilon_2\} \tag{3.2}$$

若 $\varepsilon_1 = 0, \varepsilon_2 > 0$，则 εRDJ 本质上是缓冲区分析，若 $\varepsilon_1 = \varepsilon_2 = 0$，则 εRDJ 本质上是空间相交分析。

2）空间实体邻域范围确定

如果给定两个 E^d 空间中的 MBR M_P 和 M_Q，在这两个 MBR 范围内的空间对象集合为 $P = \{p_i : 1 \leqslant i \leqslant |P|\}$，$Q = \{q_j : 1 \leqslant j \leqslant |Q|\}$，则 $\forall (p_i, q_j) \in P \times Q$，$\text{MinMinDist}(M_P, M_Q) \leqslant \text{dist}(p_i, q_j) \leqslant \text{MaxMaxDist}(M_P, M_Q)$。

MinMinDist 代表 2 个 MBR 间的最小可能距离，MaxMaxDist 代表 2 个 MBR 间的最大可能距离（图 3.12）。

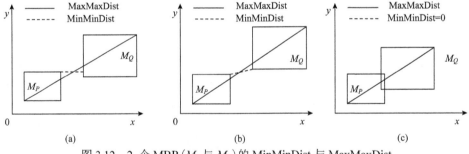

图 3.12　2 个 MBR（M_P 与 M_Q）的 MinMinDist 与 MaxMaxDist

如图 3.13 所示，若空间实体 P 的 MBR 表示为 $M_P = R(s,t)$，则将 M_P 的外接矩形外扩 ε_2 形成的圆 C 的范围即为 P 的空间范围连接搜索范围，可以证明，任何 C 范围以外的空间对象与 P 的距离都大于 ε_2。因此，空间实体的邻域上界为

$$U(M_P) = \varepsilon_2 + \frac{1}{2} \times \text{dist}(s,t) \tag{3.3}$$

3）基于格网子域的空间数据划分

根据式（3.3）可以确定每一个空间实体的邻域范围，进而确定与该空间对象划分至同一空间子域的辅助实体。然而，空间实体邻域范围有重叠（图 3.14），会导致重叠邻域区域中的空间实体重复分发至多个空间子域中，为了降低数据冗余，提高辅助实体的利用率，需要将空间对象分组划分至相同的空间子域，同一空间子域的所有计算实体可以共享辅助实体。格网是最简单的子域划分方式。将图层

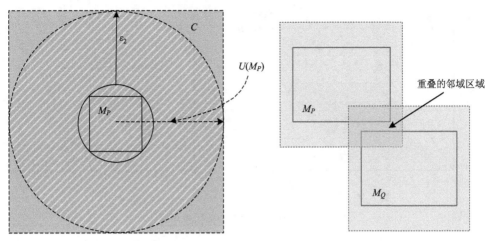

图 3.13　空间范围连接中对象邻域的上界［$U(M_P)$］　　　图 3.14　邻域重叠

的全局空间范围划分成等大小的 n 个单元格，假设 P_i 为图层 P 中与单元格 i 相交的空间实体子集，即计算实体，根据式(3.3)计算每一个 $P_i(0 \leqslant i \leqslant n)$ 中计算实体的邻域空间，然后求和，形成空间子域的分布范围 M_{P_i}，然后将图层 Q 中的实体映射至与之相交的 M_{P_i} 中，令 Q_i 表示 Q 中与 M_{P_i} 相交的空间实体子集，即辅助实体。

2. 面向时空立方体的规则邻域空间操作并行化方法——SCOD

在上一小节讨论了空间范围连接的规则邻域空间操作数据划分及其并行化方法，没有考虑时间维度的空间子域范围确定方法，而时空维度的分析场景在现实应用中已经越来越普遍，本小节研究加入时间维度的规则邻域空间依赖空间操作并行化。

时空立方体是为了分析挖掘大量离散的时空观测点数据而建立的。它将离散的观测点聚集到规则的立方体中，然后以立方体为基本单位进行空间分析。时空立方体是规则的，立方体之间的空间关系能够通过立方体坐标计算得出，避免了复杂的空间查询操作。

1) 时空立方体构建

每一个观测点数据都可以投影到一个三维 (x,y,t) 欧氏空间中，其中 x 和 y 代表观测点的空间位置，t 代表观测点的生成时间，或事件发生时间。如图 3.15 所示，建立了时空立方体模型，将三维欧氏空间按照一定的时间与空间间隔切分成等大小的时空立方体，单个时空立方体可以表示为 R^N 空间中的 $c = c_{xyt}$，$N = x_c \times y_c \times t_c$，其中，$x_c$ 表示在 x 维的立方体数量，y_c 表示在 y 维的立方体数量，t_c 表示在时间维上的立方体数量[图 3.15(b)]。

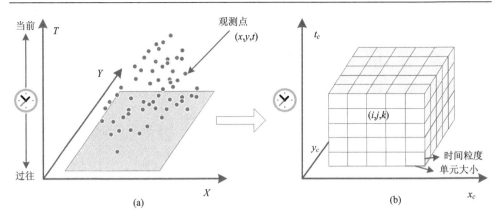

图 3.15　时空立方体构建

立方体的观测值可以通过式(3.4)确定。

$$z_c = f(z_{c_1}, z_{c_2}, \cdots, z_{c_m}) \tag{3.4}$$

其中，$z_{c_i}, i \in \{1, 2, \cdots, m\}$ 为聚集在立方体 c 中的观测点的值，m 为立方体 c 中的观测点个数。

2)时空立方体邻域范围确定

立方体的邻居是包围在其周围的立方体，因而邻域范围是通过包裹在立方体周围的立方体层数(number of wrapped layers，NWL)表示的。邻域范围可以通过一个与距离 d 相关的线性时间复杂度自定义函数计算出来，d 值越大，NWL 越大，邻域内的邻居立方体越多。当 NWL 为 1 时，每一个立方体拥有 26 个邻居，每一个邻居与当前立方体的权重可以通过式(3.5)确定。

$$w_{ij} = \cfrac{1}{\left(\left| x_i - x_j \right|^2 + \left| y_i - y_j \right|^2 + \left| t_i - t_j \right|^2 \right)^{1/2}} \tag{3.5}$$

其中，$x_i, x_j, y_i, y_j, t_i, t_j$ 分别表示立方体 c_i 与邻居 c_j 在三个维度的坐标。

3)时空立方体子域划分

在时空立方体的分析应用中，立方体作为计算实体，其邻域范围是通过一个与距离 d 相关的自定义函数计算得出，因此相邻立方体的邻域存在大量重叠。如何进行子域划分，降低空间子域的数据冗余是需要解决的问题，在此提出了两个空间子域划分方法：基于立方体的子域划分(cube-based decomposing)和基于块的子域划分(block-based decomposing)。

在基于立方体的子域划分中，每一个立方体连同包裹在其周围的立方体组成独立的空间子域。每一个立方体要收集多个邻居立方体形成独立的空间子域，这会产生大量的冗余立方体。如图 3.16(a)所示，当 NWL 为 1 时，立方体 a 和立方

体 b 都会分别有 26 个邻居，a 和 b 有 16 个共同邻居。然而，因为 a 和 b 在不同的空间子域中，所以无法共享邻居数据。

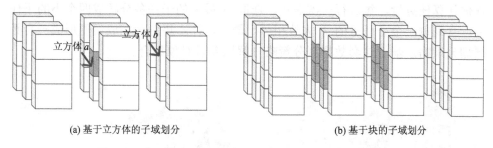

(a) 基于立方体的子域划分　　　　　　　　　　(b) 基于块的子域划分

图 3.16　基于立方体的子域划分与基于块的子域划分的对比

为了减少数据冗余带来的额外性能开销，我们提出了基于块的子域划分[图 3.16(b)]。该方法的主要思想是将多个邻近的立方体合并为一个块，以块为独立的空间子域，这样同一个块中的立方体可以共享邻居，从而减少数据冗余。

3. 面向异构数据叠加计算的空间子域划分与并行化——SDHDOC

空间叠加分析(spatial overlay analysis)是空间分析中最常用的操作之一，是指在统一空间参照系统条件下，将同一位置的多个图层进行叠置以产生空间区域的多重属性特征或建立空间实体之间的空间对应关系。叠加过程往往是对空间信息和对应的属性信息作算术运算、统计运算、集合运算等。异构数据叠加是指叠加的图层的数据表示模型不同，本书中指栅格图层与矢量图层的叠加计算。

与同类型空间实体的叠加计算不同，异构数据无法进行统一的数据划分，且存在实体边界不重合现象。栅格数据是预划分成瓦片的形式存储的，瓦片是栅格数据叠加计算的最基本单位，因此只需要对矢量数据进行划分，然后将匹配的栅格瓦片数据作为辅助实体划分到对应的空间子域即可。

和大多数其他空间并行计算类似，异构数据叠加操作的数据划分需要考虑两个主要因素：①避免高密度的数据分片，因为空间实体在空间上是不均匀分布的，这种不均匀的分布导致数据分片的不均匀。②处理边界相交的对象，一个对象跨越了多个子域区域时，会产生对象重复问题。此外，在云环境下还需要考虑数据划分与分发的 IO 消耗。为了均衡化子任务的计算量，同时减少任务划分代价，有学者提出了一种面积加权样本集的四叉树划分(area-weighted quadtree decomposing，AWQ-decomposing)策略，该方法主要基于矢量与栅格数据的叠加计算复杂度与矢量对象的覆盖范围正相关的特性而设计。

该方法的主要流程如图 3.17 所示。首先对原始矢量面对象集(用 R 表示)进行面积加权空间采样，形成一个能够基本反映所有地表覆盖面对象的按面积分布的小规模样本要素集(用 S 表示)，然后再对样本要素集以四叉树的方式自顶向下划分任务。由于叠加计算复杂度与面对象的覆盖范围密切相关，范围越大，计算量越大，我们采用了子任务区域中面对象最小外包矩形平面面积总和(用 δ 表示)评估计算任务量，每进行一次迭代，选取 δ 最大的子任务分解成四个小的子任务，直到每一个子任务的 δ 大致相等。最后，样本集划分完成后便形成一套数据划分策略，基于这套数据划分策略分解原要素对象集合。

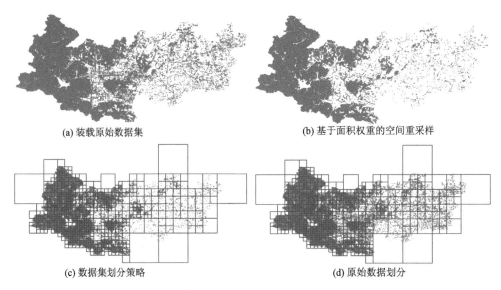

(a) 装载原始数据集　　　　　　　　　　(b) 基于面积权重的空间重采样

(c) 数据集划分策略　　　　　　　　　　(d) 原始数据划分

图 3.17* AWQ-decomposing 运行流程

3.2.4 强空间依赖空间操作数据划分方法

在一个空间子域中，强空间依赖空间操作生成每一个计算实体的新值时，计算实体的邻域范围是不确定的，这种不确定体现为两种情况：

(1)邻域范围客观存在，但是无法确切得知。

(2)邻域范围为全局空间，即辅助实体分散于全局范围，无法直接确定。

针对第二种情况，可根据具体计算场景将操作拆分成两个子步骤从而将问题转换成本地空间操作或规则邻域空间操作的计算。

在第一种情况中，每一个空间实体的邻域范围是不确定的，无法根据空间子域内实体的邻域范围直接计算空间子域分布范围，但是每个空间子域的最优分布是客观存在的，需要生成一个预估的接近最优的空间子域分布。这个分布范围必须覆盖最优分布范围，以确保后续结果合并的正确性。本书以 k 邻近连接操作为例，提出两种最优空间子域的探索方法：基于格网均匀扩张的不规则空间子域范围确定方法——UGE(uniform grid expansion)和基于 Voronoi 的不规则空间子域范围确定方法。

1. 基于格网均匀扩张的不规则空间子域范围确定方法——UGE

在 k 邻近查询中，任意空间实体需要找出与之最相近的 k 个邻居，实体的邻域范围是其与第 k 个最近邻居的距离。邻居的分布不规律导致每个实体的邻域范围是动态变化的，我们以格网为单位将空间实体组织到子域内部，然后通过格网均匀外扩的方式逼近最优的空间子域分布。

UGE 按照刘义等(2013)提出的基于 R 树的 k 邻近连接(k-nearest neighbor join，KNNJ)算法将数据划分成两种情形，如图 3.18 所示，假设与区域 M_{P_i} 相交的 Q 中的空间对象个数记为 $\mathrm{SRA}(M_{P_i},Q)$，则：

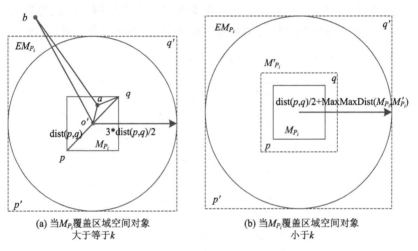

(a) 当 M_{P_i} 覆盖区域空间对象　　　　　(b) 当 M_{P_i} 覆盖区域空间对象
　　　　大于等于 k　　　　　　　　　　　　　　　　小于 k

图 3.18　KNNJ 数据划分的两种情况

(1) 当 $\mathrm{SRA}(M_{P_i},Q) \geqslant k$ 时，在 M_{P_i} 区域内所有 P_i 中空间对象的 KNNJ 计算结果均在扩展框 EM_{P_i} 内，则 EM_{P_i} 的最左最低点 $p_i' = \dfrac{p_i + q_i}{2} - \dfrac{3}{2} \times \mathrm{dist}(p,q)$，最右最上点为 $q_i' = \dfrac{p_i + q_i}{2} + \dfrac{3}{2} \times \mathrm{dist}(p,q)$ $(i=1,\cdots,d)$。

(2) 当 $\mathrm{SRA}(M_{P_i},Q) < k$ 时，以 M_{P_i} 为中心向四周均匀延伸矩形框范围，直到新的矩形框 M_{P_i}' 满足 $\mathrm{SRA}(M_{P_i}',Q) \geqslant k$，则在 M_{P_i} 区域内所有 P_i 中空间对象的 KNNJ 计算结果均在扩展框 EM_{P_i} 内，EM_{P_i} 的最左最低点 $p_i' = \dfrac{p_i + q_i}{2} - [\mathrm{dist}(p,q)/2 + \mathrm{MaxMaxDist}(M_{P_i},M_{P_i}')]$，最右最上点为：$q_i' = \dfrac{p_i + q_i}{2} + [\mathrm{dist}(p,q)/2 + \mathrm{MaxMaxDist}(M_{P_i},M_{P_i}')]$ $(i=1,\cdots,d)$。

扩张 M_{P_i} 是一个探索性的过程，为了降低探索时间，UGE 采用了粗粒度与细

粒度两套格网确定 P_i 的扩张范围。粗粒度格网定义 P 的划分粒度,细粒度格网定义 M_{P_i} 的扩张距离。在 M_{P_i} 扩张前,UGE 首先统计粗粒度与细粒度两套格网中空间对象的个数,如果粗粒度格网中空间对象的个数大于 k,则该格网不需要扩张,否则将该格网向四周扩张一个细粒度格网的距离;累加细粒度格网中空间对象的个数,若累加后的个数小于 k,则继续向周边扩张,直到累加后的空间对象个数大于或等于 k。如图 3.19 所示,假设 k=10, M_{P_i} 中的空间对象个数 2 小于 k,因此累加外扩后细粒度格网中空间对象的个数,累加后的个数为 9,仍然小于 k, M_{P_i} 继续外扩一个单元格,此时累加后的结果为 19,满足终止条件,得到外扩后的 M'_{P_i}。若空间实体为非点对象,则存在一个空间对象跨越多个格网,在这种情况下可以通过记录每一个格网中与之相交的对象 ID,汇总累加时将重复 ID 取唯一即可。

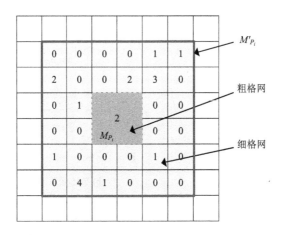

图 3.19　基于细粒度格网的邻域范围均匀扩张

按照上述方法可获得每一个 M_{P_i} 的邻域空间范围 EM_{P_i},当 P 和 Q 中的空间对象分别按照 M_{P_i} 和 EM_{P_i} 映射至格网及其对应的邻域空间后,$\{P_i,Q_i\}$ 组成了可独立计算的空间子域, P_i 中所有计算实体的 k 个邻近均可在 Q_i 中找到。此时,全局 KNNJ 问题转换成了多个空间子域 KNNJ 问题,可分别在每一个空间子域中执行基于内存的 KNN 算法,然后合并计算结果。

2. 基于 Voronoi 的不规则空间子域范围确定方法

前面介绍了 UGE 数据划分方法,该方法需要一个迭代式的探索性过程确定空间子域范围。在这里设计了一种基于 Voronoi 划分的不规则空间子域范围确定方法,可以一次性确定空间子域的范围。如图 3.20 所示,该方法的主要思想是选取 M 个对象作为中心控制点(control point),然后将 P 中的每一个对象划分至与之最近的中心控制点,这样将 P 中的对象划分到 M 个独立的 Voronoi 单元,以 Voronoi 单元内的对象为作为子域内的计算实体,根据 Voronoi 的几何性质探索空间子域的分布范围。

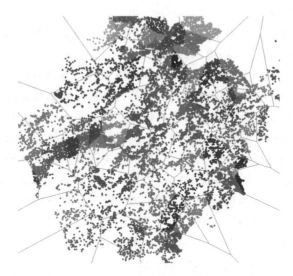

图 3.20* 　基于 Voronoi 的数据划分示例（以浙江省部分兴趣点为例）

1）控制点选取策略

一个好的划分策略应该具有较低的数据冗余度，为此需要尽量将空间上聚集的对象划分到一个空间子域中处理，对象可以尽可能多地共享关联的数据。基于 Voronoi 的数据划分能够很好地维护空间对象的距离邻近关系，在划分前需要选取适当的点作为构建 Voronoi 单元的控制点，这里提供了以下两种控制点选取策略。

随机选取策略（random selection，RS）：从 P 中随机选取 M 个对象子集，在每一个子集中分别计算每个对象与其他对象的距离的总和，选取每个子集中距离的总和最大的对象作为控制点。

K 均值聚类策略（K-means selection，KMS）：首先在 P 上进行随机采样形成小的样本集，在样本集上执行传统的 K-means 算法，生成 M 个聚类，选取每一个聚类的质心点作为控制点。

2）不规则空间子域范围确定

在确定控制点后，可将 P 中的每一个对象划分至与之最近的中心控制点，形成 M 个独立的子集 P_i，$P = \bigcup_{1 \leqslant i < M} P_i$，为了使 P_i 能够独立地执行 KNNJ 操作，需要确定 P_i 对应的 Q_i，使得 $\forall p \in P_i$，$\mathrm{KNN}(p, Q, K) \subseteq Q_i$。

3.3　空间计算任务划分策略

任务的分发有两个原则：①本地性原则，将任务派发给离数据最近的计算单元；②均衡性原则，将数据派发给闲置的计算单元。前者能够最大限度地降低数据交换的 IO，后者能最大限度地均衡计算单元的任务。很多任务调度器结合这两个原则实现任务分配。

不同并行计算框架共享数据的方式是不同的，需要根据计算单元的数据共享方式设计任务调度器。云环境下的计算任务调度是基于数据本地性的延迟调度（delay scheduling）策略。这种策略根据本地性原则动态调度任务，并且能够在其他计算单元重启计算失败的或计算慢的任务，具有很高的可靠性。

空间操作的数据划分不仅要考虑各任务之间满足无依赖并行的条件，而且要保持空间子域之间的计算量大致均衡。不同空间操作的计算复杂度是不同的，根据应用场景的空间特征可以评估并行分析的任务计算量。预估的计算量可以为空间子域的粒度控制与子域数量配置提供依据，使任务分配更均衡，从而最大化地提高资源利用率。如何客观地评估空间子域的任务计算量是本节讨论的问题。

我们主要从计算复杂度、内存消耗、IO 消耗等维度对空间子域计算任务进行评估，为空间子域的粒度控制、任务均衡度提供评价机制。

3.3.1 多维空间子域任务计算量表示

在云环境中，空间子域的计算时间是与多个因素有关的，将空间子域的任务计算量表示为由一系列的二维表面空间组成的集合，每一个表面代表一个计算任务量评估的维度。通常情况下可以从以下三个维度综合评估空间子域的计算量。

(1)计算复杂度：处理单个空间子域的计算复杂度。

(2)内存消耗：处理单个空间子域计算任务需要占用的最大内存。

(3)IO 消耗：处理单个空间子域计算任务所需要的数据输入与输出量，包括数据读取、转换与网络消耗等。

空间子域的任务计算量评估可以根据需要扩展至其他维度，为了对计算量评估形成一个清晰的定义，在本书中，每一个空间计算域的任务量都从计算复杂度、内存消耗以及 IO 消耗三个方面评价(图 3.21)。

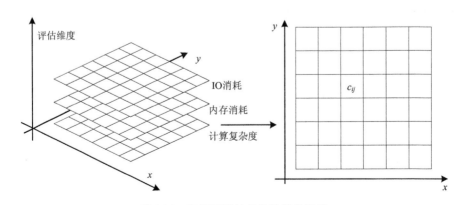

图 3.21　空间子域的任务计算量表示

空间子域的任务计算量可以投影到一个二维欧氏空间,如图 3.21 右半部分所示,该空间被划分成大小相等的单元,每一个单元代表一个空间计算子域。c_{ij} 代表在该空间子域的任务计算量,其中 i 和 j 代表该空间子域的坐标。值得注意的是,每一个空间计算子域的范围并不一定与在该区域内计算的空间实体范围对应(如邻域空间操作)。在 LBR 中,一个空间计算子域可以包含多个位置实体,而OBR 中常用一个或多个空间计算子域组成的矩形区域覆盖一个或多个空间实体(图 3.22)。

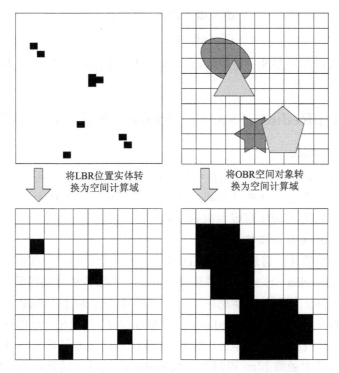

图 3.22 计算实体向空间子域的任务计算量转换

空间子域的大小控制着并行的粒度。空间子域的大小设置应遵循以下原则:
①空间子域的范围应该适当的大,使得任务计算量的评估代价足够小,降低数据划分代价。②空间子域的范围应该适当的小,使得数据划分策略能够产生足够多的子域,使得计算单元的利用率达到最大化。在实际的并行分析中,这两个原则需要有一个平衡,从而达到计算效率的最大化。

3.3.2 空间子域计算代价评估

每一个空间子域的值代表其覆盖范围内的计算量,该计算量由空间子域内的计算复杂度、内存消耗和 IO 消耗综合评估,而这三个维度的评估通常与空间分析中的数据以及操作的特点紧密相关。空间分析的特点通常可以归纳为数据密集型和计算密集型或者这两种类型的组合。数据密集型的空间分析通常会产生高内存消耗与 IO 消耗，而计算密集型的空间分析则是计算时间消耗比较多。空间子域的任务计算可表示为

$$c_{ij} = \mathrm{df} + \mathrm{of} \tag{3.6}$$

其中，df 表示由数据密集型特性产生的任务量；of 表示由计算密集型特性产生的任务量。df 和 of 都可以由很多子函数组成。

$$\mathrm{df} = \mathrm{df}_1 \times \mathrm{df}_2 \times \cdots \times \mathrm{df}_n \tag{3.7}$$

$$\mathrm{of} = \mathrm{of}_1 \times \mathrm{of}_2 \times \cdots \times \mathrm{of}_n \tag{3.8}$$

通过式(3.7)和式(3.8)，可以综合评估空间子域的计算任务量，为空间子域的粒度控制提供评价机制。

3.4　MapReduce、Spark、Storm 分布式并行计算框架

3.4.1　MapReduce

MapReduce 来源于函数式语言中的内置函数 Map 和 Reduce，模型由 Google于 2004 年首次推出，并在计算机学界得到广泛应用，其中最典型的应用当属 MapReduce 的 Java 开源实现版本 Hadoop。

1. MapReduce 运行架构

MapReduce 的计算思想是将对 HDFS 中大规模数据集的操作由 JobTracker 分发给各个 TaskTracker 分别完成，最后整合处理各个节点的中间结果，得出最终的结果。MapReduce 模型的主要思想是映射–归约算法。MapReduce 把海量数据集的常见操作抽象为 Mapper 和 Reducer 两种编程模型，可以在一个由几十台甚至成百上千台的计算机组成的集群上并发地、分布式地处理海量数据集。模型使用时，用户需要提供映射函数 Map 和归约函数 Reduce。这两个函数可将一组输入的键值对归约成另一组输出键值对，即

Map：(k1，v1) -> list(k2，v2)

Reduce：(k2，list(v2)) -> list(k3，v3)

首先，Map 函数接收一组输入键值对(k1，v1)，经过处理生成一组中间键值对(k2，v2)。其次，MapReduce 函数库归约所有具有相同中间键 k2 的相应中间值 v2，生成关于中间键 k2 的中间值 v2 的集合 list(v2)，并发送给归约函数 Reduce。最后，Reduce 函数进一步处理、合并中间键的值的集合 list，形成一个最终的键值对集合 list(v2)。

2. MapReduce 优势

MapReduce 并行计算模型能够很好地满足无约束并行与依赖同步的定义。

Map 和 Reduce 阶段可以看作是两个独立的作业。Map 和 Reduce 阶段都是由多个可无通信代价独立执行的子任务组成，即 Map 和 Reduce 均为满足无约束并行计算的作业。此外，Reduce 作业依赖 Map 作业的输出结果，Map 作业完成后需要将中间结果写到本地，Reduce 作业从分布式节点中远程读取 Map 的输出，这其中隐含了一个同步通信的过程。并且只有当 Map 阶段的所有子任务执行完成后，Reduce 的子任务才能开始执行，因此 Map 和 Reduce 满足依赖同步关系。

　　MapReduce 能在大规模集群上运行，并能可靠地、并行地处理 TB 级别以上的大数据集，同时具有较强的容错能力。MapReduce 使应用开发者只需关注业务的处理逻辑，而不必关注复杂的并行化、错误处理、数据分布和负载均衡等细节。MapReduce 提供了一系列简单强大的接口，便于应用开发者在没有大量分布式开发经验的情况下也可以实现并行和分布式的大规模计算。

3.4.2　Spark

　　Apache Spark 是一套快速、通用的分布式内存计算框架，为大数据处理提供一整套解决方案，包括用于处理结构化数据的 Spark SQL 模块，用于机器学习的 MLlib 模块，用于图形处理和并行图计算的 GraphX 模块，以及用于实时流式处理的 Spark Streaming 模块。一般使用 Scala 或者 Java 语言进行编程实现。

1. Spark 运行架构

Spark 运行架构包括以下四个部分。

　　(1)集群资源管理器(cluster manager)，可以是 Spark 内部的 Standalone 模式或者其他外部资源管理器(如 YARN、Mesos、EC2 等)，负责资源分配与管理，将内存、CPU 等根据需求分配给各个进程。

　　(2)工作节点(worker node)，创建 Executor，进一步分配资源和任务。

　　(3)任务控制节点(driver)，创建 SparkContext，SparkContext 通过与 Cluster Manager 通信来申请资源、分配任务和监控进程。

　　(4)执行进程(executor)，负责运行任务。

2. Spark 优势

　　Spark 的优势：在保留 MapReduce 的可伸缩性、容错性和负载平衡的基础上，支持在多个并行操作中重用工作数据。Spark 中分布式处理的基本单元是弹性分布式数据集(resilient distributed datasets，RDD)，体现了 Spark 的核心思想。RDD 是分布和共享在计算机集群上的容错的只读分区集合，只能够由外部存储系统中的数据或其他 RDD 进行转换操作而来，如 map、join、filter 等。RDD 通常包含分区(partition)、节点位置(perferredLocations)、依赖关系(dependencies)、迭代计算(compute)以及分区函数(partitionerU)。一个 RDD 可以包含多个分区，每个分区的任务单独执行并且可以保存在集群不同节点上从而进行并行计算。RDD 只支持 Transformation 和 Action。Transformation 操作并不会直接计算结果,Action 操作才会开始计算,这种方式无须将每一个 Transformation 操作的计算结果均返回给任务控制节点 driver,使得 Spark 更加高效。

RDD 具有两大优势:高容错性,RDD 的容错机制称为血统机制(Lineage);RDD 的 Transformation 操作会被记录并构建其继承关系,分区一旦丢失可以通过有向无环图(directed acyclic graph,DAG)进行计算和恢复。持久性,中间计算结果可以在内存中持久化保存,数据通过 Transformation 和 Action 操作在各 RDD 间传递,减少非必要的网络通信和磁盘存取开销。

3.4.3 Storm

Storm 是一个开源的、侧重于极低延迟的流处理实时计算系统。流处理系统通过同一时间对系统传输的每一条数据项或微批量数据操作,实现对数据的实时处理和显示。适合用来处理关注一段时间变化并对变动或峰值做出响应趋势的数据。

1. Storm 运行架构

Storm 的流处理将一个实时应用的计算任务打包为 Topology 的 DGA 进行编排,相似于 Hadoop 的 MapReduce 任务,但 MapReduce 在任务执行完成后最终结束,而 Topology 只能显示结束任务。拓扑的结构及数据流关系利用的 Stream、Spout、Bolt 等组件完成。

Storm 处理消息主要有 Trident 和 Core Storm 两种模式。Trident 和 Storm 的配合使用,使得系统智能地处理重复消息,对数据严格的依次处理做出保证,提高了 Storm 的灵活性。

Storm 运行架构主要包括:

(1)Nimbus:负责资源分配、任务调度和状态监控。

(2)Supervisor:负责监听并接受 Nimbus 分配的任务,启动和停止属于自己管理的 Worker 进程。

(3)Worker:运行具体处理组件逻辑的进程,一个工作进程执行一个 Topology 的一个子集,一个运行的 Topology 由运行在很多机器上的很多工作进程 Worker 组成。

(4)Task:Worker 中每一个 Spout/Bolt 的线程称为一个 Task。同一个 Spout/Bolt 的 Task 可能会共享一个物理线程,该线程称为 Executor。

Storm 架构中使用 Spout/Bolt 编程模型来对数据进行流式处理。Storm 使用 Tuple 作为它的数据模型,代表消息流中的基本处理单元。消息流是 Storm 中对数据的基本抽象,是时间上无界的 Tuple 元组序列。一个消息流是对一条输入数据的封装,源源不断输入的消息流以分布式的方式被处理,Spout 组件是消息生产者，是 Storm 架构中的数据输入源头，它可以从多种异构数据源读取数据，并发射消息流；Bolt 组件负责接收 Spout 组件发射的消息流，并完成具体的处理逻辑。在复杂的业务逻辑中可以串联多个 Bolt 组件，在每个 Bolt 组件中编写各自不同的功能，从而实现整体的处理逻辑。

2. Storm 优势

Storm 的主要优势在于：编程简单，Storm 也为大数据的实时计算提供了一些简单优美的原语，这大大降低了开发并行实时处理的任务的复杂性，可以帮助快速、高效地开发应用；多语言支持，且可以使用任何编程语言来完成这项工作；支持水平扩展，计算任务在多个线程、进程和服务器之间并行进行，支持灵活的水平扩展；容错性强，任务级的故障检测保证在一个任务发生故障时，消息会自动重新分配以快速重新开始处理；可靠性的消息保证，Storm 可以保证 Spout 发出的每条消息都能被"完全处理"，每个元组 (turple) 都会通过该 Topology 进行全面处理，如果发现一个元组还未处理，它会自动从 Spout 处重发；快速的处理消息，用 Netty 作为底层消息队列，消除了中间的排队过程，使得消息能够直接在任务自身之间流动；本地模式，支持快速编程测试。

3.4.4 MapReduce、Spark、Storm 计算框架对比

基于前文对 MapReduce、Spark 和 Storm 的介绍，总结比较三个计算框架的特点（表 3.1）。

表 3.1 MapReduce、Spark、Storm 计算框架对比

计算框架	MapReduce	Spark	Storm
支持语言	Java/其他	Java/Scala/Python	所有
应用程序	Job	Application	Topology
计算模型	MapReduce	RDD	Spout/Bolt
处理方式	多进程	多线程/多进程	多线程/多进程
时效性	离线计算	准实时计算	实时计算
吞吐量	高	高	低
中间数据存储	文件系统	内存	内存
动态调整并行度	不支持	不支持	支持
适用场景	海量数据的离线分析处理/大规模 Web 信息搜索/数据密集型并行计算	多次操作特定数据集/粗粒度更新状态	流数据处理/分布式 RPC

3.5 实例——基于分布式内存计算的并行二路空间连接算法

空间连接是矢量数据集之间最基本的空间操作，是空间分析（如缓冲区分析、

叠加分析等)的基础计算过程。空间连接同样也是基本的空间查询之一，任何点选查询、范围查询等空间查询问题都可以转换为空间连接问题。空间连接分为二路空间连接和多路空间连接。本节将首先介绍二路空间连接和多路空间连接相关概念，最后详细介绍基于分布式内存计算的并行二路空间连接方法。

3.5.1　二路空间连接

对于空间数据集 R 和 S，二路空间连接的定义为

$$\text{SpatialJoin}(R, S)=\{(r, s)|r \in R, s \in S\}, \text{SP}(r, s)=\text{true} \quad (3.9)$$

其中，SP 为表示两个空间对象间的空间关系谓词。空间谓词可以是一种空间拓扑关系，如空间包含、空间相交等，或者是一种简单空间查询，如最邻近查询等。

空间连接的求解通常分为两个运算阶段：筛选阶段和精炼阶段。在筛选阶段，每个 $r \in R$ 和 $s \in S$ 以其空间相似形来表达和简化，如最小外包矩形。然后，所有 R 和 S 中外包矩形相交的元素对组被筛选出来，形成候选数据集。在精炼阶段，所有候选数据集中的元素对组被还原为空间实体，并按照指定的空间谓词判断元素对组之间的关系，符合要求的元素对组即为空间连接的计算结果。

这几年来，作为 GIS 领域的热点研究方向，许多学者提出了空间连接查询的优化理论和方法，按照空间数据集是否可以全部载入内存，分为内存空间连接法和外存空间连接法。内存空间连接法主要包括嵌套循环法和平面扫描法。外存空间连接法则按照是否建立空间索引，分为双数据集索引法、单数据集索引法和无索引法。

3.5.2　多路空间连接

多路空间连接是二路空间连接在多数据集输入情况下的自然扩展。例如，空间查询实例"查找每个省内有河流穿过的森林"就是一个典型的将"森林""河流""省"三个空间对象集合通过"穿越""被包含"两个空间谓词进行多路空间连接的问题。

对于 $N(N > 2)$ 个空间数据集，R_1, R_2, …, R_N 和一个查询 Q，其中 Q_{ij} 表示数据集 R_i 和 R_j 的查询空间谓词，多路空间连接即查询以下的 N 元组：

$$\text{MSJ}(R[N])=\{(r_{1,a},\cdots,r_{i,s},\cdots,r_{j,t},\cdots,r_{n,y})|\forall i, j: r_{i,s} \in R_i, r_{j,t} \in R_j 且 r_{i,s}, r_{j,t} 满足 Q_{ij}\} \quad (3.10)$$

多路空间连接可以通过一个图结构来表示，按照图结构可以将多路空间连接分为三类：链型连接、星型连接和团型连接。其中，团型连接图中边长等于 $N(N-1)/2$，即完全图，其余为非完全图(图 3.23)。

3.5.3　基于分布式内存计算的并行二路空间连接算法设计

我们融合克隆连接和单数据集索引外存空间连接法的思想，提出一个新的基于分布式内存计算的空间连接算法，并用 Spark 并行编程模型实现。

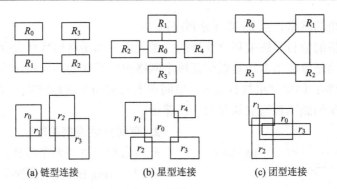

(a) 链型连接　　　　　　　(b) 星型连接　　　　　　　(c) 团型连接

图 3.23　多路空间连接类型

　　算法首先采用空间格网实现空间划分。然后进行分区连接，对连接后的结果采用重划分模型进行分析，按条件进行迭代重划分。最后，采用 R*树单数据集索引方法并行处理每个分区，得到空间连接的最终结果。

　　本算法可以概括为空间划分、空间分区连接、空间重划分以及内存空间连接四个阶段。

1. 空间划分阶段

　　初始化空间格网，计算两个数据集中每个空间对象对应的一个或多个分区 ID。空间划分的目的是减少数据规模以适应内存和粗粒度的并行计算(批处理计算)。如图 3.24 所示，空间网格 1～16 表示空间划分格网，空间对象被复制后划分到其最小外包矩形覆盖的网格。

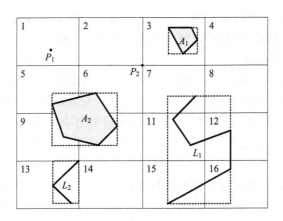

图 3.24　空间对象的划分

　　如图 3.24 所示，多边形 A_1 的最小外包矩形被网格 3 包含，所以多边形 A_1 划分至网格 3；多边形 A_2 的最小外包矩形覆盖网格 5、6、9、10，所以多边形 A_2 复制为 4 份，分别划至对应的网格；当空间对象位于网格的交界点时，该对象被划分至其左上角的网格，点 P_2 被划分到格网 2。

空间网格的数目是影响划分算法的关键因素，如果网格数目太少，划分到每个网格的空间对象将增多，难以保证每个网格内的后续的存储和计算量满足内存和 CPU 的限制；如果网格数目太多，空间对象与空间格网相交的可能性越大，将导致空间对象的副本数增加从而增加计算量。

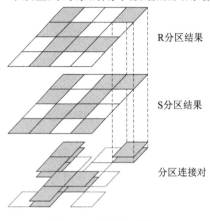

图 3.25　空间分区连接

2. 空间分区连接阶段

此阶段包含以下两个步骤：

采用"groupByKey"变换分别将两个数据集中所有相同分区 ID 的空间对象分为一组。

采用"join"变换将两个数据集中相同空间分区 ID 的空间对象组进行连接。

如图 3.25 所示，第一层和第二层分别表示 R 分区和 S 分区，灰色的网格表示网格内至少有一个空间对象，白色的网格表示网格内没有空间对象；第三层表示空间分区连接的结果。空间分区连接操作仅作用于 R 分区和 S 分区结果中灰色的网格，仅有一个灰色网格或没有灰色网格的对应分区将移出内存。

经过空间分区连接，R 分区和 S 分区整个数据集将缩减为连接后的数据集，这个步骤即为本算法的筛选过程。利用这个特性，将无须后续计算的空间对象及时排除(图中第三层虚线网格)，释放其占用的内存空间。

3. 空间重划分阶段

对于本算法，空间格网划分结果没有经过任何映射而直接作为空间分区，分区的数目远大于经过分区映射的空间划分方法。Spark 内存计算框架的任务调度引擎会将计算任务调度至任何一个没有达到计算任务上限的计算节点，因此，当某个计算节点处理完一个计算任务，主节点将会立即将新的计算任务调度到该节点。

基于以上分析，如果初始格网参数设置不佳，有可能导致某个分区的空间数据过于庞大，该分区的计算时间超过一定限度，占用计算节点的内存和 CPU，使该节点其他计算任务缓慢，从而影响整体性能。为了解决此问题，基于计算量评估模型对连接分区进行动态空间重划分，以嵌套循环空间连接算法的时间复杂度 $O(n \times w)$，即两数据集元素总数的乘积作为计算量估值：

$$\text{CalculateMetric} = f[(n, m), \text{null}, O(n \cdot m)] = n \cdot m \quad (3.11)$$

4. 内存空间连接阶段

在调整优化空间分区连接结果后，每个分区内的空间对象已经符合内存容量和计算时间的要求，理论上可以用任何一种内存空间连接方法来完成分区内的空间连接。所有的空间对象已经以 RDD 形态缓存在分布式内存，因此可以同步进行内存空间连接的筛选和精炼过程。至此，所有分区计算任务基于 Spark 计算框架并行调度执行，最终结果输出至分布式文件系统，空间连接计算完毕。

整个空间连接算法的数据流图如图 3.26 所示。

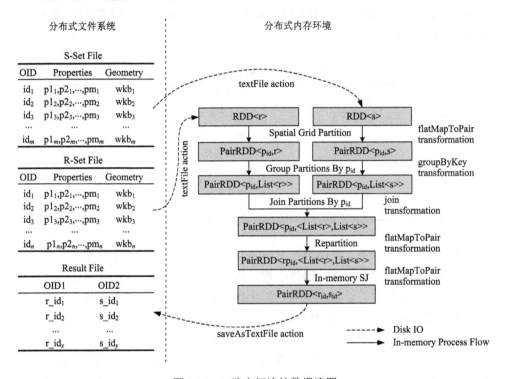

图 3.26　二路空间连接数据流图

3.5.4　实验分析

本小节对基于分布式内存计算的二路空间连接算法进行实验验证和性能分析，主要衡量计算集群规模、分区数量、重划分阈值、数据集规模等指标对性能的影响。在相同实验环境下，与 SpatialHadoop 实现的 SJMR 算法（SHADOOP-SJMR）、DJ 算法（SHADOOP-DJ）和 SpatialSpark 空间连接算法（SSPARK）进行对比。

1）实验环境配置和实验数据

本实验采用 9 台 DELL PowerEdge R720 服务器搭建集群环境，每台服务器均为相同软硬件配置，具体参数如下。

（1）硬件环境。CPU：Intel Xeon E5-2630 v2 2.60 GHz，6 核 12 线程；内存：32GB；网卡：带宽自适应以太网卡；硬盘：600GB，SAS；网络环境：千兆以太网交换机，超五类网线。

（2）软件环境。操作系统：SUSE Linux Enterprise Server 11 SP2；JDK 版本：1.7.0；Hadoop 版本：2.6.0；Spark 版本：1.0.2；SpatialHadoop 版本：2.3。

本实验数据采用拓扑集成地理编码和参考(topologically integrated geographic encoding and referencing，TIGER)和 OpenStreet Map 的开放 GIS 数据。表 3.2 列出了数据的详细信息。

表 3.2　空间连接实验数据列表

数据集	简称	记录数目	大小	格式
全球路网	AWY	164448446 条线	59.55 GB	tsv
全美边界	ED	72729686 个多边形	62 GB	csv
全美线状水系	LW	5857442 条线	18.3 GB	csv
全美面状水系	AW	2298808 个多边形	6.5 GB	csv
全美界标	LM	121960 个多边形	406 MB	csv
全美主要路网	PR	13373 条线	77 MB	csv

本实验所有 Spark 工程部署在 Hadoop 集群 YARN 资源调配框架之上，在这种模式下，执行器个数、执行器核心数、执行器内存分别表示所有节点的计算进程总数、每个执行器的计算线程数、每个执行器所能开辟的最大内存，所有这些参数均在任务提交时进行初始设置。

2) 集群节点数目和执行器核心数目对性能的影响实验

为了分析集群节点数目和执行器核心数目对空间连接算法性能的影响，本实验采用 LW 和 AW 作为连接数据集，网格数目为 150×300，每节点启动一个执行器，执行器内存为 2GB。

如图 3.27 所示，集群节点的数目与算法性能有直接关系，当每个节点仅有一个执行器时，空间连接算法的性能随着节点数目的增多而提升，说明算法具备可扩展性。然而，随着执行器内核数目的增长，算法执行时间并非一直缩减。例如，不论节点数目是多少，当每个执行器分配 8 个核心时，算法执行时间总是大于 6 个核心的情况。因此，当每个执行器分配 6 个核心，即与每个计算节点的 CPU 内核数目相等时，算法的性能最佳。如果分配超过 6 个核心，将导致过多的计算任务调度至 CPU，使得 CPU 超负荷运行，降低计算性能。

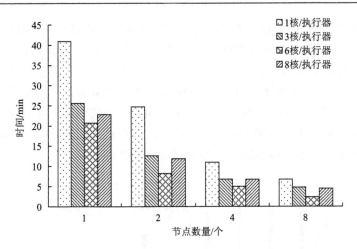

图 3.27 集群节点数目和执行器核心数目对性能的影响实验

3) 分区数目和重划分对性能的影响实验

为了分析分区数目和重划分对空间连接算法性能的影响，本实验采用 LW 和 ED 作为连接数据集，节点数目为 8，每节点运行 1 个执行器，每个执行器分配 6 个核心、6GB 内存。

如图 3.28 所示，当网格数目越少时，每个网格内部的空间对象越多，将导致内存溢出或大量的计算耗时。当网格数目增多时，空间对象的副本数目越多，将导致额外的计算消耗，同样影响性能。空间重划分技术可以优化网格内部的空间对象数目，限制分区内计算时间，不论网格数目是多少，不考虑初始空间划分耗时的情况下，经过空间重划分的算法性能要比没有重划分的算法性能提升 5%～25%。

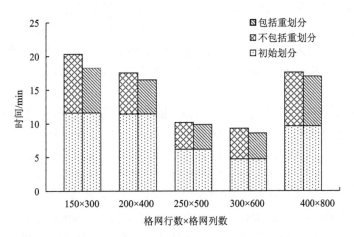

图 3.28 分区数目和重划分对性能的影响实验

如图 3.29 所示，实验首先对没有经过空间重划分的计算任务线程（每个分区对应一个计算线程）耗时进行排序，获得计算耗时最多的 10 个线程。然后在相同的参数下，为算法引入重划分过程并改变重划分阈值，得到重划分过程为各分区计算节省的时间。当阈值设置为 10000000 时，空间重划分可以明显优化大分区的计算性能。当阈值增长时，重划分的效果不明显；当阈值减少时，重划分会导致更多的空间对象副本，同样影响性能。因此，在合适的阈值设置下，基于计算量评估模型的动态重划分技术能显著提升算法计算性能。

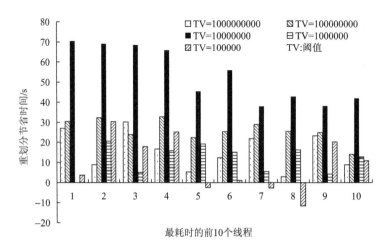

图 3.29   重划分阈值对性能的影响实验

4）与 SpatialHadoop 和 SpatialSpark 的性能对比实验

为了对比本算法与 SpatialHadoop（SHADOOP-SJMR、SHADOOP-DJ）和 SpatialSpark（SSPARK）的性能，本实验利用不同规模的连接数据集，设置节点数目为 8，每节点运行 1 个执行器，每个执行器分配 6 个核心、6GB 内存。对于本算法设置格网数目为 200×400；对于 SpatialHadoop 的算法，性能计算包括索引构建的时间；对于 SpatialSpark 设置划分策略为 STP（sort tile partition），采样比率为 0.01。

由图 3.30 可知，无论是小规模数据 PR 和 LM 还是大规模数据 ED 和 LW 的空间连接，本算法相比同类型分布式算法具有明显的性能优势。

因为 Hadoop-GIS 和 SpatialHadoop 均为基于 Hadoop 的算法，计算中间结果将要持久化到磁盘，相比内存计算框架有大量额外的硬盘 IO 开销。所以，接下来的实验主要对比本算法与 SpatialSpark，采用的实验数据为 AWY 和 ED，本算法的空间划分网格数目为 400×400。实验将本算法和 SpatialSpark 算法主要分为两个阶段，一个是数据划分阶段，另一个是分区连接及本地连接阶段。

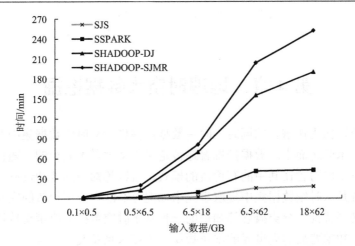

图 3.30 与 SpatialHadoop 和 SpatialSpark 的性能对比实验

如图 3.31 所示，SJS-P 表示本算法的空间划分阶段，SJS-J 表示分区连接、重划分和本地连接阶段。SSPARK-P 表示 SpatialSpark 的预处理阶段，SSPARK-J 表示全局连接和本地连接阶段。因为本算法采用的空间格网数据划分方法比 SpatialSpark 的 SATO 划分方法更高效，所以空间划分阶段本算法具备明显的性能优势。另外，本算法采用重划分策略限制了分区计算耗时，更适合分布式内存计算任务调度模型，而且副本重复计算避免机制优于 SpatialSpark 的结果去重机制，R*树索引嵌套循环本地连接效率也优于 R 树。因此，在分区连接及之后的阶段，本算法仍具有明显优势。本实验同样说明，本算法支持各类空间谓词下的空间连接，而且对于不同拓扑分析类型的空间连接，时间复杂度模型的估值不同，进而导致空间划分和实际的本地连接性能各异，产生图 3.31 中结果所示的性能差别。

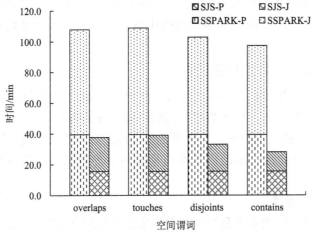

图 3.31 本算法与 SpatialSpark 的详细对比

第4章 地理时空大数据挖掘

在时空数据飞速增长的同时，时空数据挖掘作为从时空数据集中发现知识的一种新兴技术应运而生。数据挖掘普遍被定义为从大量不完全的、随机的、模糊的数据中挖掘出隐含在其中的有价值的模式、规则等知识的复杂过程。地理时空大数据挖掘是从时空数据集中提取事先未知但存在潜在应用价值的空间规则、概要关系、摘要特征、分类概念等知识的一种基于时空数据的决策支持过程，能够解释蕴含在数据背后客观世界的本质规律、内在联系及发展趋势。

4.1 地理时空大数据挖掘概述

地理时空大数据分为对地观测大数据和社交大数据，对地观测大数据所聚焦的对象是地表要素，而社交大数据的主体是人，即两类大数据直接关注的主要对象分别为"地"和"人"，二者间的作用可以视为主体与环境之间存在的关系。对地观测大数据的获取以对客体的观测为主要方式，故数据易于结构化，而社交大数据以主体记录为主，由记录产生的数据结构复杂、特征多变、类型多样。针对对地观测大数据的挖掘，所提取的模式为地表要素的格局，而针对社交大数据的挖掘，提取的是人的行为模式。地理时空大数据，尤其是社交大数据的出现，构成了从人地关系中揭示地理模式之机理的完备条件。地表要素的模式，表面是地的特征，其后则是人类行为的结果。地理时空大数据背后的模式，其机理都可以归结为人地关系，地的模式中蕴藏着人的因素，而人的行为模式受到地的制约。故而从地理模式中解析出的人地关系是地理大数据挖掘的内涵。

4.1.1 地理时空大数据挖掘的内容

地理时空大数据挖掘的目标为寻找地理对象之间、地理对象与环境之间存在的规则和异常。据此，地理大数据挖掘的内容也分为两个部分：

(1)地理时空模式的挖掘，其本质是发现地理对象的分布规则与时空分布。

(2)地理时空关系的挖掘，其本质是发现地理对象与不同环境因子之间的关系。

1. 地理时空模式

地理学目前公认的定理是空间相关性定理与空间异质性定理。两个定理表述的意义看似相像，但实际是从两个侧面共同描述了地理现象：相近者相似，但彼此相异。在位空间中，地理学第一定律表现为属性相似度与距离的关系，而异质性则表现为空间上的非平稳性。在流空间中，空间相关性表现为空间网络结构的存在，即具有相近起点和终点的流构成了位置之间的联系，且联系的强度与距离等变量相关；而异质性则表现为不同单元之间流的差异性。地理大数据时空模式挖掘的本质是揭示地理对象因时空相关与异质性而形成的"异-同"规则及由此产生的时空分布。"异"是指地理对象之间的差别，而"同"则是指不同对象的共性。以地震数据的模式挖掘为例，一方面，需要确定提取丛集地震的"异-同"规则，从而将其与背景地震区分开来，并判别它们各自的统计分布类型（如泊松分布或威布尔分布等）；另一方面，在找出"异-同"规则的基础上，还要确定丛集地震和背景地震的空间分布范围和特征。前者属于"异-同"规则的推断，"同"类地震属于相同的统计分布，相"异"的地震分属不同的统计分布；后者属于时空分布的提取，而实际上，丛集地震和背景地震的时空分布可视为时空相关和异质性定律综合、直观的反映。针对时空模式，传统地理数据挖掘的主要任务包括：时空异质性的判别、地理时空异常模式的提取、空间分布模式的识别、地理时空演化趋势提取等。地理大数据所带来的改变集中体现在模式的类型及尺度两个方面：对于模式的类型，除了传统的栅格、要素、场的异质性与分布之外，地理大数据挖掘将更加关注序列、流与网络的结构与异质性等复杂模式；对于模式的尺度，由于具有的粒度、广度与密度的特征，地理大数据的挖掘将会产生更宏观、更综合、更精细的模式。

2. 地理时空关系

地理对象与环境因子之间通常表现为相关或关联关系。相关关系通常用以刻画地理对象属性与环境因子之间的定量关系，例如，铅污染的程度与高速公路的远近；而关联关系通常描述地理对象同时出现或存在的某种依赖关系，如盗窃与入室抢劫案件之间的关系。地理时空关系中通常蕴藏着两方面的因素，以铅污染与高速公路之间的关系为例，一方面是变量之间的作用机制，即高速公路上汽车的尾气排放导致周围土壤中铅含量增加；而另一方面是这种土壤铅含量的变化与污染源远近之间的关系，即距离高速公路越近，铅的含量越高。针对时空关系的挖掘，地理大数据所带来的改变主要体现在关系的类型以及关系的转换上。一方面，变量之间关系的类型更加多样和复杂，非线性、不确定性及多元的时空关系成为大数据挖掘的重点之一；另一方面，除了同类型空间下的时空关系挖掘，不同类型空间（如社交空间、现实空间、情感空间）之间信息的反演与延伸成为大数据挖掘的主要特点之一，由此而导致的关系的转换也成为大数据思维的核心体现，如通过遥感数据反演经济状况、利用搜索热词预测流感趋势、应用手机数据反演城市土地利用等。

4.1.2　地理时空大数据挖掘的方法

地理大数据的挖掘方法非常多,其分类方案也存在多种标准,目前主要有以下几种:根据是否依赖于先验知识,可将其分为模型驱动和数据驱动两类挖掘方法;根据挖掘任务可将其分为:数据总结、聚类、分类、关联规则、序列模式、依赖关系、异常以及趋势的挖掘方法;根据挖掘对象可分为:关系数据、对象数据、图像数据、文本数据、多媒体数据、网络数据的挖掘方法等;根据挖掘模型的特征可分为:机器学习方法、统计方法、神经网络方法和数据库方法等。

根据地理大数据挖掘的目标,将挖掘方法分为两类:时空分类的挖掘方法和时空关系的挖掘方法。前者用于区分地理对象的异同,旨在提取时空模式,而后者用于寻找时空变量的相关性,旨在挖掘地理对象与环境之间的时空关系。时空分类的挖掘方法包括空间聚类、空间分类、空间决策树、点过程分解等。时空关系的挖掘方法包括关联规则挖掘、主成分分析、回归分析方法等。此外,还有一些方法既可用于时空分类,也可用于时空关系挖掘,如神经网络、支持向量机、随机森林等,可视具体算法模型而定。除了上述挖掘方法外,还有部分方法是优化模型,用于参数的估计,并辅助于数据挖掘方法,如深度学习策略、EM 算法、MCMC 算法等。由于地理现象的复杂性,人工智能方法已经广泛应用于地理学的研究中,而人工智能与地理大数据的结合,将为地理大数据挖掘的发展提供新的动力源。

4.2　时空大数据聚类分析

聚类分析技术作为空间数据挖掘的一个重要手段,在识别数据的内在结构方面具有非常重要的作用,在地学领域的应用引起了广泛的重视。近年来,随着传感器技术的发展与普及,时空聚类技术作为海量时空数据分析的一个重要手段,已成为聚类分析领域的一个最前沿方向。时空聚类方法能够处理不同类型的多维地理时空数据,并发现任意形状的聚类,其专注于从时空数据中在无先验知识的情况下根据数据内部的相似性,提取、挖掘有价值的信息,为决策分析提供支持。

地理时空大数据来源丰富,从数据类型上来说,大致可以分为栅格、矢量和时空流。栅格数据主要为卫星、无人机等的遥感图像,其中包含着各种几何和专题属性;矢量数据多为各种地理测量仪器等实地调查获得各种包含专题属性的几何要素,有点、线、面三种基本类型。而时空流多为不断实时传输的 GNSS 数据,包含着对象的形状、大小、位置等信息。现在地学领域对时空流的处理,并没有极大的实时需求,更多地偏向于一段时间内流数据批处理。在这种情况下,时空流的操作也可以看作矢量数据的操作。对地理时空大数据聚类的研究分为栅格大数据聚类和矢量大数据聚类两方面。

4.2.1　全局最优解驱动的栅格大数据聚类

栅格数据是将数据按照空间格网均匀划分之后形成的组织化数据，这种数据组织结构与遥感影像在直观上按照波段、像素的组织方式类似。遥感影像的非监督分类又称为遥感影像聚类，其在事前不知类别先验特征的情况下，按照遥感影像地物的光谱特征分布规律，按照灰度值或波谱特征划分类别，根据像元值之间的相似度进行聚类。

1. 影像聚类方法

根据 Han 和 Kamber 的划分，聚类方法可以大致被归为以下五类。

1) 基于划分的方法

基于划分的方法通过选择某种合适的聚类相似度度量(如欧氏距离)，来衡量样本与聚类中心的相似度，并通过设定合适的判别函数，来得到使得判别函数最优的聚类划分。通过改变不同的聚类相似度度量以及设定不同的判别函数，即可得到不同的基于划分的聚类算法。最常见的基于划分的方法是 K-means 算法。

2) 基于层次的方法

基于层次的方法又称为谱系聚类，是对数据集按照一定的规则进行层次化的组织，构成树形结构，然后按照自顶向下(或自底向上)的方向进行分裂(或聚合)的方法。最常见的基于层次的方法是 ISODATA 算法，被广泛应用于遥感影像分类。

3) 基于密度的方法

基于密度的方法使用密度作为对象之间的相似性度量，并将聚类看作一系列被相关联的低密度(噪声)区域划分的高密度区域。基于密度的聚类方法首先通过定义数据集对象的密度，然后判断对象的密度(如邻域中点的个数)，如果密度超过某个阈值则认为该对象是核心点，该对象到其邻域内的点都是可达的。因此，聚类从核心点开始，递归地寻找其所有可达的点，形成聚类。基于密度的聚类方法主要有 DBSCAN 和 OPTICS 等。

4) 基于格网的方法

基于格网的方法可以当作是在其他聚类算法的基础上，对数据集进行格网划分，利用整个格网作为处理单元，并定义格网之间的关系，降低了待聚类数据需要处理的样本数量，提升了聚类效率。基于格网的代表性算法有 STING 和 CLIQUE 等。

5) 基于模型的方法

基于模型的方法是假设数据聚类满足某种统计学概率分布，为每个类定义了一个数学模型，并为数据和模型之间查找最佳的匹配关系。基于模型的代表性算法有 COBWEB 等。

2. 基于改进点对称距离的相似性度量

K-means 算法逻辑简单，运算效率高，适合进行大数据的聚类，但是其使用欧氏距离作为聚类度量，仅考虑影像灰度值之间的相似度，而忽略了高分辨率遥感影像的其他特征。聚类相似性度量是衡量聚类内部相似度的准则，常用的聚类相似性度量包含欧氏距离、平方欧氏距离、曼哈顿距离、余弦距离、谷本距离、加权距离、马氏距离和点对称距离等，改变不同的聚类相似性度量，会改变基于划分的聚类方法的聚类结果。

高分辨率遥感影像具有成像精度高的特点，因此能充分反映现实地物的形状。考虑到现实世界中广泛存在的对称性，如城市地物中高度对称的小区楼房、城市道路，农村地物中高度对称的农田结构，等等，将对称性考虑到高分辨率遥感影像的聚类度量是一个合理的选择。

因为点对称距离考虑了该点与各个聚类中心的对称性特点，所以可以利用点对称距离作为聚类相似度的度量。对于有 n 个向量 $(x_1, x_2, \cdots, x_n)$ 的数据集，聚类中心向量为 c，则点 x 到聚类中心 c 的点对称距离为

$$d_s(x_j, c) = \min_{i=1,\cdots,n \text{ and } i \neq j} \frac{\left\| (x_j - c) + (x_i - c) \right\|}{\left\| x_j - c \right\| + \left\| x_i - c \right\|} \tag{4.1}$$

Bandyopadhyay 和 Saha 在 2007 年提出了一种改进的点对称距离定义：

$$d_{ps}(x, c) = \frac{\sum_{i=1}^{k_{near}} d_i}{k_{near}} \times d_e(x, c) \tag{4.2}$$

这个定义利用邻近点距离改进的点对称距离解决了数据集中存在两个类相互对称而引起的点对称距离计算不正确的问题，提升了点对称距离作为聚类相似性度量，在具有对称性结构的数据集中的适用性和有效性。

3. 基于遗传算法的非监督分类

作为目前应用最为广泛的一种聚类算法，K-means 算法的基本思想是对于给定的数据集 $D = (d_1, d_2, \cdots, d_n)$，随机选择 k 个聚类中心 $(a_1, a_2, \cdots, a_k)$，将数据集中的各个点分配到离各个聚类中心最近的那个类，然后重新计算各个类内点的平均值得到新的聚类中心。不断重复上述过程，直到使得每个点到其相应的聚类中心的距离平方和最小，即

$$\sum_{i=1}^{n} \min_{1 \leqslant j \leqslant k} \left| d_i - a'_j \right|^2 \tag{4.3}$$

遗传算法通过模拟自然界中生物遗传和进化的过程而实现随机的全局搜索。遗传算法具有适应性和稳健性，能在一个广阔的搜索空间内进行全局搜索。遗传

算法实现了对搜索空间知识的自主学习及积累，从而根据学习的规则自适应地调整搜索过程来获得最优解或近似最优解。

遗传算法主要包括以下过程：种群初始化、计算适应度函数、选择、交叉、变异，对表示问题解决方案的种群不断进行适应度计算、选择、交叉和变异，提高种群中个体的适应度，直到种群中最优个体的适应度变化量小于某一阈值或者迭代次数达到设定值，遗传算法结束。此时，种群中的最优个体即代表问题的最终解决方案。

由于遗传算法能够消除聚类算法中需要预设聚类个数的限制，其已经被遥感影像分割作为一个具有稳健性的算法使用。基于遗传算法的 K-means 聚类方法可以克服 K-means 算法初始聚类选择不当的问题。

4. 高分辨率遥感影像分布式聚类算法

高分辨率遥感影像并行聚类算法(ParSymG)结合了遗传算法和点对称距离算法。考虑到现实地物中广泛存在的对称性，算法使用基于点对称距离的度量来确定聚类，并通过对影像进行分块，提升小区域内对称地物的聚类效果，既提高了聚类效率，又提升了聚类效果。对于像素点的聚类，采用 kd 树来进行最邻近的查询，提高效率。

ParSymG 算法由六部分组成，包括种群初始化、影像像素点分配、适应度函数计算和聚类中心的更新、选择、交叉和变异。这六部分主要步骤介绍如下。

步骤 1：种群初始化。

(1)在主节点 M_0 上，聚类中心点被编码成为染色体，组成染色体个数为 popSize 的种群。

(2)根据连接元数据划分模型对影像和种群进行划分，并发送给工作节点。每一个工作节点需要处理的数据量为 $\bar{N} = \text{Width} \times \text{Height} \times \text{popSize}/M$。

(3)计算影像的数据集的最大最邻近距离 θ 并分发到各个工作节点。

步骤 2：影像像素点分配。

M 个工作节点分别接收影像和种群的分片以及 θ 值。对于所有影像分块中的点 x_i，找到点对称距离最近的聚类中心 $k^* = \text{Argmin}_{j=1,\cdots,K} d_{ps}(x_i, z_j)$，如果距离小于 θ，则 x_i 属于中心为 k^* 的聚类；否则，找到欧氏距离最近的那个聚类中心 $\bar{k}^* = \text{Argmin}_{j=1,\cdots,K} d_e(x_i, z_j)$，将 x_i 归类到以 $\bar{k}^*$ 为中心的聚类中。

步骤 3：适应度函数计算和聚类中心的更新。

(1)每一个工作节点分别计算中间值 sumFitness 和 sumChromosome 并发送给主节点。

(2)主节点接收计算中间值并更新聚类中心。

步骤 4：选择。

主节点执行 popSize 次选择操作。每次选择时，先生成一个[0,1]区间内的随机数 $rand_{0-1}$，根据随机数落在的轮盘区间 $f_{i-1}/f_{sum} \leqslant rand_{0-1} < f_i/f_{sum}$ 来选择被遗传下去的染色体。

步骤 5：交叉。

主节点将种群中的染色体两两配对，并随机选择交叉点位置。如生成的随机概率大于交叉概率 μ_c，则将配对的染色体位于交叉点后的基因进行交叉互换。

步骤 6：变异。

主节点对种群中的所有染色体根据变异概率 μ_m 随机选择基因点进行变异。

步骤 7：迭代阈值判断。

如果聚类中心已经收敛或者达到迭代的最大次数，执行步骤 8；否则，执行步骤 2。

步骤 8：生成结果。

使用最优染色体来生成最后的影像聚类结果以及计算聚类指标 J_m、XB，I 以及 Sym。

4.2.2　基于时空密度的矢量大数据聚类

矢量数据是指在直角坐标系中，用 X,Y 来表示地理实体的空间位置的数据，通常包括点、线、面三种类型。矢量数据的聚类研究可以分解为点状要素、线状要素及面状要素的聚类。点状要素作为时空事件的表达，具有较多的应用场景。此处矢量数据的聚类，特指包含时间、空间、属性等信息的点数据(统称时空事件)的聚类。时空事件的聚类是按照适合的相似性度量将时空事件对象归类成一系列类内相似度尽可能大、类间相似度尽可能小的子类(即时空聚类)。

1. 时空事件聚类方法

根据现有的时空事件聚类方法在设计理念上的不同，可以将其分为以下三类：时空扫描统计、时空密度聚类以及时空混合距离聚类。

1)时空扫描统计

时空扫描统计方法是利用一个时间窗口进行扫描，通过对某个时空范围内的时空事件的聚集性与分布模式进行统计，比较其是否有显著的异常，从而判断是否形成聚类的一种方法。

2)时空密度聚类

基于密度的聚类是时空聚类的一种主要方法，它使用预先设定的空间距离、时间窗口和密度阈值来发现核心点以及噪声，从而构建聚类。时空密度聚类是空间密度聚类在时间域上的延伸，它使用密度连接(density-connected)作为时空事件的相似度度量，把时空聚类当作是被低密度区域(噪声)时空划分开来的高密度连接区域。

3) 时空混合距离聚类

时空混合距离是一种对时间、空间、事件属性等参数进行深度融合，从而得到的一种时空事件间的距离度量。时空混合距离聚类方法将混合距离作为相似度度量对数据集进行聚类。

2. 基于时空密度的矢量数据聚类

泊松分布是概率论中一种重要的分布，是描述离散型随机变量的分布。大部分时空事件的发生都是在一定时间内的一个随机过程，如果将连续的时间划分成无数份，每一份之间都可以认为是相互独立的，而在这相互独立的每份时间中，时空事件的发生与否也可以认为是独立的，因此，时空事件的发生过程可以认为是一个泊松过程。可以使用泊松分布来描述时空事件的发生，而一个时空数据集可以看作是一系列满足不同参数的概率分布的泊松过程的集合。

时空密度作为衡量一定时空范围内物体聚集性程度的度量，需要在一个给定的时间和空间内统计其出现的次数。传统概率密度的定义采用固定的 Eps 距离，其无法检测具有多个密度的聚类，为改进这一缺陷，引入了 k 邻近的概念，重新定义时空概率密度函数。

概率密度函数的表达需要选取时间窗口为 ΔT（可当作圆柱体的高），空间范围半径为第 k 个邻近的长度的圆所构成的时空圆柱体。假设在时空圆柱体中 k 邻近点的水平距离表示为 $D_{\Delta T,k}$，则其概率密度函数为

$$P(D_{\Delta T,k} \geqslant x) = \sum_{n=0}^{k-1} \frac{(\lambda \pi x^2)^n}{n! \mathrm{e}^{\lambda \pi x^2}} = 1 - F_{\Delta T,k}(x) \qquad (4.4)$$

3. 时空多密度矢量数据聚类

为解决固定时间窗口问题，提出了一个可变时间窗口数据重排扫描算法（ordered reachable time window distribution，ORTWD），用于计算数据集中每个时空点的可达时间窗口。ORTWD 算法统计所有时空点的时间分布，并且为每个可能的聚类寻找可达时间窗口。因此，通过给不同的时间聚类定义不同的时间窗口，解决了在时间域上的多密度聚类问题。

定义 4.1　时空直接可达邻域：由从 p 直接可达的点构成的邻域被称为 p 的时空直接可达邻域，表示为 STDRN(p)。

定义 4.2　可达因子 reachable$_\text{factor}$：STDRN$(p)_\text{geocenter}$ 为 p 的时空直接可达邻域的几何中心，STDRN$(p)_\text{mean}$ 是 STDRN(p) 中所有点到 STDRN$(p)_\text{geocenter}$ 之间的平均距离，那么可达因子 reachable$_\text{factor}$ 的定义为

$$\text{reachable}_\text{factor} = \frac{p - \text{STDRN}(p)_\text{geocenter}}{\text{STDRN}(p)_\text{mean}} \qquad (4.5)$$

显然，如果 p 是一个孤立点，那么 reachable$_\text{factor}$ 将很大；如果 p 越靠近它的

直接可达邻域的几何中心，那么 reachable$_{factor}$ 将会越小。因此，通过设置合理的 reachable$_{factor}$ 可以有效地解决孤立点误分的问题。

ORTWD 算法可以对数据集中的时空点进行排序，可达时间窗口的分布有助于理解数据集在时间域上的分布。根据可达时间窗口的分布，我们可以对可能的聚类设置合适的时间窗口。

ORTWD 算法从数据集的一个点 p_i 开始。如果 p_i 还未被处理，那么它将被更新到 OrderedReachableTimeWindow 中，OrderedReachableTimeWindow 是用来记录点的可达时间窗口分布的结构体。接着算法检测 p_i 的核心时间窗口，如果是未定义的，p_i 将被更新到 OrderedTimeList。在这里，OrderedTimeList 是一个升序排列的可达时间窗口列表，排序依据每个点的可达时间窗口大小，并且 $N_{\Delta T}(t)$ 内点个数均大于 MinPts。OrderedTimeList 用于寻找每个点最小可达时间窗口。每次 WHILE 循环，OrderedTimeList 中距离当前点最近的可达时间窗口的点将会被更新到 OrderedReachableTimeWindow 中，如果 p 的核心时间窗口是被定义的，那么 p 将会被更新到 OrderedTimeList。当 OrderedTimeList 为空时，WHILE 循环结束，最后循环的结果即是数据集可达时间窗口的分布。

更进一步，提出了时空多密度聚类算法 (density-based spatiotemporal clustering，DBSTC)，用于具有时空多密度属性的数据集的聚类。DBSTC 算法先采用基于可变时间窗口的重排扫描 (ORTWD) 算法计算数据集的可达时间窗口分布，并为每个点设置合适的时间窗口 $\Delta T'$，然后算法获取每一个点，并且检索 p 关于可达时间窗口 $\Delta T'$ 的 k 最邻近。找到所有点的 k 邻近以后，算法迭代数据集中的每个点 p_i 的 k 邻近中的每个点 p_j，统计 p_i 和 p_j 之间的共享邻近的数量。如果共享邻近的数量大于 k_t，那么就将 p_j 添加到 p_i 的时空直接可达邻域。如果 p_i 的时空直接可达邻域的点数量大于 MinPts，那么使用 reachable$_{factor}$ 计算 p_i 是核心点还是噪声。

在确定了核心点之后，算法从第一个未被分类的核心点开始寻找，迭代寻找所有被核心点可达的点，将它们标为一类。直到数据集中没有未分类的核心点，算法才完成搜索。

4.3　时空关联规则挖掘

关联规则挖掘作为数据挖掘的重要组成部分，可以从大量数据中挖掘出潜在的相关事物之间存在的关联关系。1993 年，Agrawal 等利用关联规则挖掘，从目标数据集中发现隐藏的频繁模式，并进一步推导出隐含的规则、相关性或因果关系。关联规则形式简单，易于用自然语言描述和表达，便于人们理解。特别是有些隐含的关联规则能够展现出事物间的重要联系，从而为人们的决策或研究提供有力依据。

4.3.1 通用关联规则挖掘方法

按照关联规则挖掘中涉及的目标属性数目可将关联规则分为单维(单一目标属性)和多维(多目标属性)关联规则;按照目标数据集中的概念层次数目可将关联规则分为单层或多层关联规则;根据目标属性类型可将关联规则分为布尔型关联规则和数值型关联规则。

1)基于维数的关联规则挖掘方法

AIS 算法是最早针对单维关联规则的挖掘方法,该算法属于典型的频繁集算法,即在扫描目标数据库的过程中产生候选频繁集并构建相应关联规则,但该算法产生的候选频繁集太多,造成了极大的资源冗余。此后,1996 年 Agrawal 等在AIS 算法的基础上提出了著名的 Apriori 算法。Apriori 算法利用"任何频繁集的子集都是频繁集,任何非频繁集的超集都是非频繁集"这一理论,在每次扫描产生的候选集中剪枝掉包含非频繁子集的候选集,从而大大减少了算法运行过程中候选集的个数。

2)基于概念层次的关联规则挖掘方法

通常在事务数据库中存在不同的概念层次,针对这一特点,学者提出了许多发现单一概念层次和非单一概念层次中关联规则的挖掘方法。Han 和 Fu 于 1995年[①]提出了一系列在事务数据库中发现一般或多层关联规则的算法,主要包括ML-T2L1、ML-TML1、ML-T1LA 和 ML-T2LA 等。其中,ML-T2L1 算法从带目标的任务角度出发,将原始目标事务数据库根据潜在的概念层次重新编码,形成新的具有概念层次的事务数据库,随后根据不同概念层次构建树形分层结构,由上而下在分层树的每一层进行关联规则挖掘。

3)基于属性类型的关联规则挖掘方法

根据属性类别的不同,关联规则可以分为布尔型关联规则和多值型关联规则。多值型关联规则进一步细分,又包括数值型关联规则和类别型关联规则。上述不同属性类别也可构成混合值型关联规则。之前提到的关联规则绝大部分属于布尔型关联规则,Piatetsky-Shapiro 最早提出了多值型关联规则的挖掘问题,在他的研究中首次提出将多值问题转化成布尔问题再求解,即若目标属性是数值型属性,则按照不同的分类标准将其进行划分,并将划分后得到的不同区间看作一个新的布尔型属性;若目标属性是类别型属性,则将其每一个类均看作一个新的布尔型属性,进而按照布尔型关联规则挖掘方法进行规则挖掘。

---

① Han J, Fu Y. 1995. Discovery of Multiple-Level Association Rules from Large Databases//International Conference on Very Large Data Bases, 420-431.

4.3.2　大数据关联规则挖掘方法

最经典的并行关联规则挖掘方法是由 Agrawal 等基于 Apriori 算法进行并行化改进而提出的 CD 算法、DD 算法和 CaD 算法，这三种算法的主要思想是在降低处理器间通信负载的前提下由各处理器独立生成候选集和全局支持度计数，从而提高挖掘效率。上述研究工作是在传统的经典串行关联规则挖掘基础上实现并行化，研究的关键点集中在如何提高处理器、内存的利用效率和降低通信负载等问题上。随着 Hadoop 等开源云计算平台的不断发展，越来越多的研究人员尝试利用 MapReduce 等分布式计算模型来实现针对更大规模数据的关联规则挖掘。

目前面向大规模数据关联规则挖掘方法的主要研究方向分为两部分，一部分是采用消息传递接口(message passing interface，MPI)等传统并行计算方法提高关联规则挖掘算法在多处理器上的运行效率；另一部分是采用目前热门的 Hadoop 等开源云计算平台，利用集群的强大计算资源提高关联规则挖掘算法的处理效率。基于传统并行方法的研究已经较为成熟，但受到运行环境本身制约较大，且通信代价很高，往往存在性能瓶颈；采用 Hadoop 等开源云计算平台的分布式关联规则挖掘方法研究起步较晚，但这些开源云计算平台已经彰显了其在面对超大规模数据时关联规则挖掘的效率优势。

4.3.3　空间关联规则挖掘方法

空间关联规则的概念最初由 Koperski 等提出，其基本出发点是 Tobler 提出的地理学第一定律，即空间事物和现象之间的关联普遍存在。通过空间关联规则挖掘，可以发现空间数据中内在的空间相关和自相关关系。

空间关联规则的表达形式为 $X \rightarrow Y(c\%, s\%)$。其中，$X$ 和 Y 是谓词集合，可以是空间谓词或非空间谓词，但至少包含一个空间谓词，且 $X \cap Y = \varnothing$。$s\%$ 为规则的支持度，指 X 和 Y 在所有空间事务中同时发生的概率，即 $P(X \cap Y)$。$c\%$ 为规则的可信度，指在所有空间事务中 X 发生的前提下 Y 发生的概率，即 $P(Y/X)$。非空间谓词，指一般的逻辑谓词。空间谓词是包含空间关系的逻辑谓词，包含了以下三种空间关系：拓扑关系，空间方位关系和距离关系。

空间关联规则挖掘主要有以下三类方法。

(1)基于聚类的图层覆盖法。该方法的基本思想是将各个空间或非空间属性作为一个图层，对每个图层上的数据点进行聚类，然后对聚类产生的空间紧凑区进行关联规则挖掘。该方法的缺点：①关联规则的挖掘结果依赖于图层数据点的聚类结果，在很大程度上受到聚类方法的影响，具有不确定性；②无法处理在空间上具有均匀分布特点的属性。

(2)基于空间事务的挖掘方法。在空间数据库中利用空间叠加、缓冲区分析等方法发现空间目标对象和其他挖掘对象之间的空间谓词关系，将空间谓词按照挖掘目标组成空间事务数据库，进行单层布尔型关联规则挖掘。为提高计算效率，可以将空间谓词组织为一个粒度由粗到细的多层次结构，在挖掘时自顶向下逐步细化，直到不能再发现新的关联规则为止。此方法较为成熟，目前应用较为广泛。但是作为挖掘核心的频繁项集的构建和剪枝技术仍然是其应用于海量空间数据挖掘的瓶颈之一。

　　(3)无空间事务挖掘法。空间关联规则挖掘过程中最为耗时的是频繁项集的计算，因此许多学者试图绕开频繁项集，直接进行空间关联规则的挖掘。通过用户指定的邻域，遍历所有可能的邻域窗口，进而通过邻域窗口代替空间事务，然后进行空间关联规则的挖掘。此方法的关键在于邻域窗口的构建与处理。

4.3.4　时空关联规则挖掘方法

　　空间数据中还蕴含着事物和现象在时间和空间上的相关关系。时空关联规则是在挖掘对象及挖掘结果中含有时间和空间信息的关联规则模式，时空关联规则挖掘是空间关联规则挖掘针对时空数据的扩展，为面向时空的关联知识获取提供了重要途径。

　　时空关联规则挖掘主要有以下四类方法。

　　1)基于时空事务的挖掘算法

　　现有的时空关联规则挖掘算法大多是基于时空事务的挖掘算法，是传统关联规则挖掘算法针对时空关联规则挖掘问题的拓展。

　　这类算法通常由时空数据事务化算法和事务表挖掘算法组合而成，前者的作用是根据挖掘目标数据构建一个时空事务表，后者的作用是对这个事务表进行挖掘，从中提取频繁项集和关联规则。因为传统关联规则挖掘算法可以用于时空事务表的挖掘，所以这类算法主要关注时空数据事务化问题。

　　事务表是事务记录的有限集，每条事务记录对应一个样本单元，描述一组项(即谓词公式)在该样本单元上的取值情况。因此，要根据时空数据构建事务表，首先需要将研究区域划分为有限个样本单元。划分以空间位置、时空位置或事件的不同为依据。在完成研究区域划分后，就可以利用数据库和工具计算项在这些样本区域上的取值，生成时空事务表。

　　2)不依赖事务的挖掘算法

　　并非所有的时空关联规则挖掘算法都依赖于事务表。不依赖于事务数据表的空间关联规则提取算法依靠空间分析来实现支持度计算，对该算法进行拓展可以实现时空关联规则挖掘。

　　3)并行挖掘算法

　　实际应用对关联规则挖掘可能会有时效性要求，数据量较大时采用并行挖掘算法有利于缩短挖掘耗时。使用基于时空事务的挖掘算法时，可以利用已有的并行算法对事务表进行挖掘。不过，事务表的生成涉及时空数据处理和谓词计算操作等，其耗时通常远大于事务表挖掘，因此实现时空事务表生成的并行化更有利于缩短算法执行耗时。

　　4) 结合领域知识的挖掘方法

　　利用领域知识来指导关联规则挖掘有利于提高挖掘结果的质量。例如，有学者提出了一种能够根据数据库的概念模型剔除无意义的候选项集的空间关联规则挖掘算法；也有其他学者讨论了基于约束条件的拓扑关联规则挖掘方法；董林等学者在进行空间关联规则挖掘时添加了基于背景知识的约束条件，减少了候选项集的数量。

4.4　地理关系回归分析

　　地理时空建模是地理信息系统的核心与关键，提高时空分析与建模能力一直是地理信息科学努力的方向。地理关系回归分析是地理时空建模的研究热点。发展新的时空回归分析方法，提升地理关系的分析挖掘能力，对深入理解社会过程和地理现象具有重要的理论价值与实践意义。

4.4.1　空间回归分析

　　空间回归分析是空间分析与建模的研究热点。空间回归分析将地理要素的空间特征纳入回归分析的影响因素，研究地理要素的相互关系。

　　在空间分析中，普通线性回归(ordinary linear regression，OLR)模型是确定变量回归关系最常用且最基础的统计方法。普通线性回归模型假定回归系数与样本数据的空间位置和时间位置无关。采用普通线性回归模型计算所得的自变量系数既是当前点的最优无偏估计，也是研究区域平均水平的最优无偏估计。然而，现实地理过程的回归关系在不同的空间和时间位置上往往表现出差异性，全局求解所得的回归系数得到的是空间特征的一种平均关系，通常无法反映现实地理要素关系的时空非平稳特征。

　　空间非平稳性，又称空间异质性，用于描述地理要素关系因空间位置差异而发生的变化，是地理要素关系的内在属性。空间非平稳性的解算是地理要素关系建模的关键，其解算精度决定了地理要素关系建模的准确性和可靠性。空间非平稳关系建模一般将数据的空间特性纳入空间模型，通过为要素逐一建立回归方程的方式模拟要素地理位置差异带来的影响，从而探测地理数据的空间特性。

　　为了拟合地理关系中固有的空间非平稳性，Fotheringham 等利用局部光滑思想，提出了地理加权回归模型，使得回归系数随着空间位置的变化而变化。地理加权回归(geographically weighted regression，GWR)是空间非平稳关系建模的核心方法，该方法是对 OLR 模型的扩展，它在回归系数的估算中引入了空间位置信息，将空间位置差异化所引起的空间关系变化嵌入到回归系数的计算中，将权重的计算变成有关样本点之间空间距离的函数，进一步通过局部加权最小二乘法得到系数的估计值。地理加权回归模型利用局部加权的思想，对每一个回归点进行参数估算，从而实现空间非平稳关系建模。

4.4.2　时空回归分析

时空非平稳性(spatio-temporal non-stationarity)，也称为时空异质性(spatio-temporal heterogeneity)，是地理要素关系描述的固有特性，是地理要素关系或结构在不同时空位置具有差异性的表征，被认为是地理学第二定律的候选法则。时空非平稳性的解算是地理要素关系建模的基础和关键，其精度决定了时空非平稳关系建模的准确性与可靠性。

现有的时空非平稳关系建模方法，以时空位置邻近性(proximity)度量为基础，进行时空权重核函数的设计与构建，进而利用局部加权回归理论建立非平稳性目标解算函数，通过模型评价准则的最优求解，实现时空非平稳关系的地理建模。

时间维度是地理过程的另一基本属性。GWR 模型解决了回归系数随空间位置变化而变化的问题，但没有顾及时间的影响，所以未能解决回归关系中的时间非平稳问题。于是，Huang 等于 2010 年将时间距离和空间距离进行融合，构建了时空距离的度量表达，将时间维度的变化嵌入到 GWR 模型中，提出了时空地理加权回归(geographically and temporally weighted regression，GTWR)模型。

时空地理加权回归模型通常采用加权最小二乘法(weighted least squares，WLS)进行求解。其建模能力实质上由权重核函数对时间非平稳性和空间非平稳性的解算能力决定。

当前，权重核函数类型较为丰富，按带宽类型可分为固定型和适应型两种。固定型核函数从指定距离范围内选取最优带宽(bandwidth)，使得 GWR 和 GTWR 模型的拟合效果最优。考虑到固定型核函数难以有效适应数据分布过于稀疏或者聚集的情况，适应型核函数并不给定最优带宽值，而是给定最邻近点的个数，使得拟合效果最优。

4.4.3　地理时空神经网络加权回归

时空回归分析中，时空邻近关系描述的准确性和时空核函数构建的精准性是时空权重解算能力的决定因素，进而最终影响时空非平稳关系的建模精度。

1. 时空邻近关系神经网络表达

时间和空间是地理过程的两个固有维度，时间邻近关系和空间邻近关系相互耦合、相互作用，形成了复杂的时空邻近关系。由于时间和空间的多尺度差异，空间邻近和时间邻近的融合作用具有显著的非线性特征。

现有的时空邻近关系表达以单距离度量或多距离度量的简单加权组合为主，

难以准确描述各距离度量间的非线性作用，且缺乏统一的集成框架，难以进行多种邻近关系的集成表征与统一输入。为充分估计时间邻近、空间邻近内部复杂的依赖关系以及两者复杂的多尺度融合作用，将任意两点的时空位置邻近关系表达抽象为

$$p_{ij}^{S} = f_{\text{proximity}}^{S}\left(d_{ij}^{S_1}, d_{ij}^{S_2}, \cdots, d_{ij}^{S_l}\right) \tag{4.6}$$

$$p_{ij}^{T} = f_{\text{proximity}}^{T}\left(d_{ij}^{T_1}, d_{ij}^{T_2}, \cdots, d_{ij}^{T_m}\right) \tag{4.7}$$

$$p_{ij}^{ST} = f_{\text{proximity}}^{ST}\left(p_{ij}^{S}, p_{ij}^{T}\right) \tag{4.8}$$

式 (4.6) 表示以地理空间中多个维度、不同视角的空间邻近基础距离表征量 $\left(d_{ij}^{S_1}, d_{ij}^{S_2}, \cdots, d_{ij}^{S_l}\right)$ 为输入 (如欧氏空间基础距离、地理拓扑网络基础距离等)，构造空间邻近关系的非线性求解函数 $f_{\text{proximity}}^{S}$，充分拟合各种空间基础距离表征量的复杂融合作用，进而获得空间邻近关系的统一表达量 p_{ij}^{S}。同理，式 (4.7) 表示以多种度量方式计算的时间邻近基础距离表征量 $\left(d_{ij}^{T_1}, d_{ij}^{T_2}, \cdots, d_{ij}^{T_m}\right)$ 为输入，构造时间邻近关系的非线性求解函数 $f_{\text{proximity}}^{T}$，进而得到时间邻近关系的统一表达量 p_{ij}^{T}。在此基础上，以 p_{ij}^{S} 和 p_{ij}^{T} 为输入，构造时空邻近关系的非线性求解函数 $f_{\text{proximity}}^{ST}$，获得时空邻近关系的统一表达量 p_{ij}^{ST}。

神经网络，又称人工神经网络 (artificial neural network，ANN)，是由自适应神经元组成的互联网络，通过调整内部节点连接可实现复杂信息处理的数学模型。深度神经网络则是具有多个隐含层的复杂神经网络模型，是人工智能深度学习领域的核心模型。深度神经网络利用自身高维拓扑的网络结构和基于微分方程的梯度下降算法，可实现复杂非线性关系的精准建模。在地理时空建模领域，神经网络模型多应用于地理关系的分析建模、地理过程的时空预测等研究。

因此，在空间邻近关系和时间邻近关系统一表达的基础上，对于时空中任意的两个点 i 和 j，提出以空间邻近性表征向量和时间邻近性表征向量为输入，构建时空邻近关系神经网络 (spatial and temporal proximities neural network，STPNN)，充分拟合空间和时间的复杂非线性作用，进而生成任意两点 i 和 j 时空邻近性的统一表达向量。考虑到不同点对时空邻近关系的相互作用，提出以该点的 n 个时空邻近关系表征量作为输入，构建时空邻近关系融合神经网络 (mixed spatial and temporal proximities neural network，MSTPNN)，获得时空点 i 的复杂时空邻近关系的统一表达向量。

进一步，以时间、空间邻近的基础距离度量为输入，定义了多个神经网络模型及其组合递进关系，构建了"时间—空间—时空—融合"的多层次时空邻近关系深度神经网络 (spatial and temporal proximities deep neural networks，STPDNN)

模型。对于时空中任意点 i，均可获得该点复杂时空邻近关系的统一表达。

2. 时空加权神经网络构建

目前的核函数体系多侧重于细化核函数的使用范畴，忽略了对核函数自身结构的改进与发展，使得核函数的数学结构均较为简单，无法充分评估时空邻近性对时空权重的复杂影响。此外，对于具体的某一时空点 i 而言，其时空权重应是其与所有已知样本点的时空邻近关系共同作用的结果。

因此，充分考虑时空点 i 的 n 个时空邻近关系的非线性融合作用，将时空点 i 的时空权重核函数结构抽象为

$$W(s_i, t_i) = W_i = f_{kernel}^{ST}(p_{i1}^{ST}, p_{i2}^{ST}, \cdots, p_{in}^{ST}) \tag{4.9}$$

其中，$(p_{i1}^{ST}, p_{i2}^{ST}, \cdots, p_{in}^{ST})$ 表示第 i 个时空点与所有 n 个已知时空点的时空邻近关系表征量，可由式(4.6)～式(4.8)分别生成；f_{kernel}^{ST} 则表示以 $(p_{i1}^{ST}, p_{i2}^{ST}, \cdots, p_{in}^{ST})$ 为输入，进行精准构建的权重计算函数，旨在充分拟合时空邻近性对时空权重 W_i 的复杂非线性作用。

综上所述，将时空邻近关系表达和时空核函数设计通过式(4.6)～式(4.9)进行抽象描述后，时空权重 W 对时空非平稳性的解算能力取决于 $f_{proximity}^{S}$、$f_{proximity}^{T}$、$f_{proximity}^{ST}$ 和 f_{kernel}^{ST} 四个非线性函数的拟合能力。

深入分析可知，$f_{proximity}^{S}$、$f_{proximity}^{T}$、$f_{proximity}^{ST}$ 和 f_{kernel}^{ST} 函数的构造与计算本质上均是复杂非线性问题的拟合求解过程，充分发挥海量地理数据优势及高效利用深度神经网络的超强拟合能力，是解决该问题的可行方案。因此，从回归分析理论和神经网络理论方法出发，将 $f_{proximity}^{S}$、$f_{proximity}^{T}$、$f_{proximity}^{ST}$ 和 f_{kernel}^{ST} 的非线性求解问题转换为神经网络的拓扑表达问题，进而建立时空邻近关系表达与时空权重解算相统一的深度神经网络模型，通过充分发挥神经网络模型对复杂结构的动态拟合能力，可以实现时空邻近关系的统一表达和权重核函数的精确构建。

本节从基础的普通线性回归模型出发，阐述时空加权神经网络的设计思路和构建方法。普通线性回归模型解算所得的回归系数是所有样本点的最优无偏估计，可视为是整个研究区域内地理关系的平均水平(以下称为"平均关系")。回归关系在不同时空位置的差异性可认为是时空非平稳性在不同时空位置产生的对"平均关系"的不同波动程度。

时空权重矩阵应由复杂时空邻近关系统一表达向量决定，且时空权重矩阵与复杂时空邻近关系统一表达向量间可能存在复杂的非线性关系，传统较为简单的权重核函数结构恐难以有效拟合其中的复杂作用。

因此，以复杂时空邻近关系的统一表达向量为输入，构建时空加权神经网络(spatial and temporal weighted neural network，STWNN)，实现时空权重核函数的复杂神经网络表达，进而获得时空权重矩阵；在此基础上，融合普通线性回归模

型求解所得的"平均关系"，实现时空非平稳关系的精准建模。

因此，通过将时空邻近关系深度神经网络和时空加权神经网络进行组合，可获得任意两点的时空权重矩阵，进而融合普通线性回归模型可得各时空点的因变量拟合向量。

综上，通过对"时空邻近关系的统一表达"和"权重核函数的精确构建"两个核心问题的深入分析，构建了时空邻近关系深度神经网络和时空加权神经网络；并在此基础上，融合普通线性回归模型，建立了地理时空神经网络加权回归（geographically and temporally neural network weighted regression，GTNNWR）模型。

4.5　地理大数据挖掘模型流程定制

在地学领域及其他诸多应用场景中，学者已经实现了大量成熟可用的地理时空大数据挖掘模型。从基础大数据处理分析到时空特质数据挖掘，地理时空大数据挖掘体系日益完善，稳定且强大的模型库使得构建地理时空大数据挖掘模型流成为可能。

4.5.1　构建地理时空大数据挖掘模型流的意义

几乎所有数据都具有空间属性，可以宽泛到南北半球的划分，也可以精确到地理坐标系中的几分几秒。地理时空大数据在交通运输、同城服务、共享经济等多个行业发挥着越来越重要的作用。多元化的数据来源、差异化的定制需求、丰富的应用场景，都是地理时空大数据挖掘所面临的挑战。

数据挖掘是需要积累的，这不仅体现在数据基础的不断壮大，更体现在数据挖掘算法的不断创新与积累。认知过程往往是渐进发展的，只有不断地积累经验才能产生更有价值的判断与认知。地理时空大数据具有其独特性，地理时空大数据挖掘算法必然需要在经典数理统计理论、归纳演绎方法与知识建模体系的基础上，深化认识、优化过程、突破创新，从而达到深度学习和深度挖掘的目的。

基于有向无环图的数据挖掘模型流有着极高的灵活性与易用性，既能实现经典模型的简单调用，降低数据挖掘门槛，又能为资深数据挖掘者提供更便捷的模型调整方式，提高挖掘模型调试效率与挖掘质量。借助地理时空大数据挖掘模型流，地理时空大数据将在更广更深的应用场景和科研领域得到充分利用。

4.5.2　常用大数据挖掘模型流调度框架

大数据挖掘模型流的主要功能是处理模型间的依赖关系、中间结果数据的管理和模型流状态的实时监控。出现高可用模型流调度框架前，多模型的有序执行主要依靠 crontab 实现。随着模型复杂度与逻辑性的提升与分布式计算的普及，仅利用时间来约束模型执行顺序的 crontab 在大数据挖掘领域再无用武之地。目前，常用的大数据挖掘模型流调度框架为模型流的控制添加了模型任务间基于 DAG 的上下游依赖，针对分布式计算的机器依赖、资源依赖，等等。

目前，常见的调度框架包括 Luigi、Oozie、Azkaban 与 Airflow 等。Airflow 将在 4.5.3 节作详细介绍，下面只简要介绍这四种调度框架的特点。

Luigi 是 Spotify 在 2011 年开发的一个 Python 软件包，帮助管理员进行周期性数据分析与维护。它主要提供工作流依赖管理、任务状态可视化、错误故障响应与命令行交互功能，简而言之，Luigi 能够链接很多个任务，使它们自动化，并进行故障管理。然而，作为工作流调度框架，Luigi 还存在许多不足，如 Luigi 是基于代码的，其用户界面仅允许用户搜索或监视每个任务的状态，而无法对工作流本身进行调整。例如，单次的 Hive 查询或单一的 Spark 作业都能作为一个独立的监控节点，但由于调度与模型存在代码层交互，增加了开发成本也直接导致了 Luigi 无法自我激活，需要借助 crontab 等外部调度器触发工作流。

Oozie 是针对 Hadoop 作业的一种工作流调度系统，是 Apache Hadoop 生态圈的一环。它主要包含 Oozie-server 和 Oozie-client 两个组件，Server 用于管理并监控 Hadoop 工作流，而 Client 用于触发 Oozie 操作并与 Server 保持通信。在 Oozie 中，用户不仅可以通过 API 将工作流控制逻辑写入算法模型，也可以通过编写基于 hPDL 语言的 XML 文件手动创建工作流。相比于 Luigi 框架，Oozie 更完整地实现了工作流调度系统从构建、触发、监控到周期运行的过程，同时为用户提供了脱离代码的工作流构建方式，一定程度上提高了系统的可用性。然而，Oozie 仅适用于 Hadoop 环境且所有任务所需数据源必须存放在 HDFS 上，限制了其可扩展性。

Azkaban 是 Linkin 下的开源工作流调度系统，基于 Java 语言开发，拥有易用性极强的用户界面，可视化效果出色。在良好的 UI 支撑下，使用键值对形式的 properties 文件配置工作流中各任务的上下游关系，进一步降低了技术门槛。相比于 Oozie 调用 Hadoop 原生接口进行任务提交的方式，Azkaban 可以直接提交 shell 语句，具有更好的可扩展性。然而，Azkaban 调度系统中的任务执行状态是基于进程且存储于内存中的，容易与任务结果发生混淆，甚至造成信息丢失。此外，由于其调度系统内的工作流需要将所有资源压缩至同一个 zip 包内上传再执行，严重影响了资源的复用性。

Airflow 是基于 Python 开发的一款开源工作流调度框架，支持分布式场景下的任务调度，同时拥有强大的通用性批处理能力。Airflow 拥有不输 Azkaban 的 Web UI 界面，在任务监控方面则引入了更可靠的关系型数据库作为保障，计算资源也无须与工作流绑定，可谓后来者居上。

4.5.3　Airflow

Airflow 最早由 Maxime Beauchemin 于 2014 年启动，当时 Maxime 正担任 Airbnb 的数据工程师一职，他在 *The Rise of the Data Engineer* 中写道："数据工程师之所以存在，是因为企业现在拥有大量如宝藏一样的数据，但是要让其产生价值，这些数据必须经过提炼。数据工程工具箱正是我们进行快速大量提炼的保障"。Airflow 的意义正是帮助人们高效调用"数据工程工具箱"进行数据挖掘。

在分布式环境下，Airflow 将在主节点运行 WebServer 与 Scheduler 服务，用于任务调度与前端展示，每个计算节点上则运行 Worker 服务，用于处理作业。当一个工作流被激活时，Scheduler 将在数据库中实例化一条 DagRun 记录，并发起相应的 Task 作业队列供 Worker 接收。Worker 间的信息传递是基于消息的，同时每个 Worker 都配有独立的 Serve Logs 服务，用于记录包括消息在内的日志信息。Scheduler 通过监控各个 Worker 的执行情况，在数据库中以 Task Instance 为单位，记录各 Task 作业的执行状态。

Airflow 的任务调度体系依赖 dag 与 task 两个基本概念。dag 与工作流一一对应，每个工作流则可以包括任意多个 task 作业。Airflow 使用相对简洁的 Python 文件对工作流进行定义：

```
1.   default_args = {
2.       'owner': 'User',
3.       'depends_on_past': True,
4.       'start_date': datetime(2019,8,1),
5.       'retries': 3,
6.       'retry_delay': timedelta(minutes=1)
7.   }
8.   dag = DAG(
9.       dag_id='Demo',
10.      schedule_interval=None,
11.      default_args=default_args
12.  )
13.  taskA = BashOperator(
14.      task_id='taskA',
15.      bash_command='...',
16.      dag=dag
17.  )
18.  def python_operator_test(arg):
```

```
19.     return 'python_callable'
20.  taskB = PythonOperator（
21.     task_id='taskB',
22.     provide_context=True,
23.     python_callable=python_operator_test,
24.     dag=dag
25.  ）
26.  taskC = HiveOperator（
27.     task_id='taskC',
28.     hql='select * from tb_demo',
29.     dag=dag
30.  ）
31.  taskD = SimpleHttpOperator（
32.     task_id='taskD',
33.     endpoint='...',
34.     method='GET',
35.     dag=dag
36.  ）
37.
38.  taskA >> taskC
39.  taskB >> taskC
40.  taskC >> taskD
```

上述代码定义了一个简单的 dag 实例，它隶属于用户，任务间存在依赖，首次运行时间为 2019 年 8 月 1 日，失败重试次数为 3，重试时间间隔为 1 分钟，包含 taskABCD 四个任务，且分别对应 Bash、Python、Hive 与 Http 四种类型的作业（Airflow 官方提供了近 40 种基础 Operator 类型且支持自定义）。将上述 Python 文件上传至用户指定 dags 目录后，Scheduler 服务将完成对文件的解析并迅速与数据库同步信息，WebServer 则负责同步数据库信息。dag 实例前端展示如图 4.1 所示。

在前端界面中，用户可以查看工作流元数据信息与调度情况，以及单任务的执行状态与日志。此外，基于强大的交互功能，Web UI 支持用户手动修改 dag 与 task 的状态，如手动触发工作流执行、暂停或关闭正在运行的任务、强制修改任务结束状态等。

目前，Airflow 的开源社区极富活力，不断涌现出支持各种业务的优秀插件与高度定制版本。在地理时空大数据挖掘领域，Airflow 具有极高的应用价值。

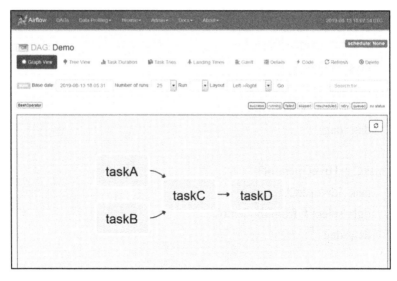

图 4.1 dag 实例前端展示效果

4.6 实例——大规模时空热点分析并行计算

时空热点分析类似于一种规则邻域空间操作,不同的是每个计算实体不仅要考虑空间的邻居,还要考虑时间上的邻居。本节设计了基于 SCOD 的大规模时空热点分析并行计算方法,通过出租车轨迹点的多视角热点分析 SCOD 的适用性与高效性。

4.6.1 时空热点

利用空间统计方法识别数据中重要的聚类或离群值(通常称为"热点分析")是 GIS 分析中常用的方法,该方法已经广泛应用于交通辅助决策、人类行为模式研究以及土地利用分类等领域。

时空热点是由时间与空间上聚集在一起的观测点(或事件)组成的,时空热点往往包含潜在的行为模式。Ord 和 Getis 认为,如果存在一个时空热点,则该热点内部的观测点与周围的观测点会呈现出一定的相似性。一个典型的时空热点识别方法会综合考虑结合目标观测点及其周围观测点共同识别热点区域。$G_i(d)$ 和 $G_i^*(d)$ 是两个最常用的时空热点识别方法,这些方法假定某个观测点的空间自相关性与其周边特定距离 d 内的 i 个观测点相关,通过 $G_i(d)$ 或 $G_i^*(d)$ 计算得到的值代表当前位置的聚集程度(或热度值)。

4.6.2　总体执行流程

流程分为以下四个阶段(图 4.2)。

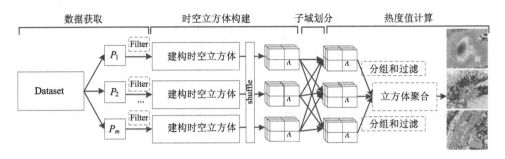

图 4.2　并行时空热点分析总体执行流程

(1)数据获取,从数据源(如 HDFS,或者其他共享存储系统)中并行地获取到观测点数据,这些数据被默认划分成 m 个 partitions(如 HDFS Block)。这时,在每一个 partition 上可以使用一个可插拔的 Filter 函数,用于过滤掉不相关的观测值,如时间噪声、空间噪声、行为噪声等。

(2)时空立方体构建,将空间与时间上随机分布的观测值映射到统一的时空立方体中。时空立方体通过网格大小和时间间隔控制立方体大小。

(3)子域划分,以立方体为独立的单元划分热点计算任务。根据 SCOD 的两种子域划分方法 cube-based decomposing 和 block-based decomposing 解决邻居格网热点计算关联问题。

(4)热度值计算,利用特定的热点统计分析模型,如 $G_i^*(d)$,并行计算立方体的热度值,待所有立方体的热度值计算完成后,可以在时空立方体中使用一个可插拔的组合与过滤函数对立方体进行分组与过滤(如热点追踪仅仅关心特定空间中的立方体随时间的变化情况)。此外,还可以利用 Cube 聚集函数(如 avg、sum)按照自定义方式获取特定条件下的热点值(如周末或者工作日)。

4.6.3　热度值计算

在这个实例中我们选取最广泛使用的 $G_i^*(d)$ 方法计算立方体的热度值,当然一些其他的局部空间自相关算法也可作为替代选择。在该方法中,每一个观测点都有一个观测值 z_i,其中 i 为观测点, $G_i^*(d)$ 是一个关于观测点 i 的函数,该函数的变量是所有与观测点 i 的距离小于 d 的观测点的加权 z 值。通过比较每一个 $G_i^*(d)$,一些具有显著的高或者低的热点可以被识别出来。 $G_i^*(d)$ 统计方法的具体公式为

$$G_i^*(d) = \cfrac{\displaystyle\sum_{j=1}^{n} w_{ij}(d) z_j - \bar{z} \sum_{j=1}^{n} w_{ij}(d)}{S \left\{ \left[\left(n \sum_{j=1}^{n} w_{ij}(d)^2 \right) - \left(\sum_{j=1}^{n} w_{ij}(d) \right)^2 \right] \Big/ n-1 \right\}^{1/2}} \tag{4.10}$$

其中，$w_{ij}(d)$ 表示观测点 j 与观测点 i 之间的空间权重，当 j 与 i 的距离大于 d 时，

$w_{ij}(d) = 0$；n 表示观测点的数量；$\bar{z}$ 表示平均观测值；$S = \sqrt{\displaystyle\sum_{j=1}^{n} z_j^2 \Big/ n - \bar{z}^2}$。

在计算 $G_i^*(d)$ 之前，与观测点 i 的距离小于 d 的观测点必须先计算出来，$w_{ij}(d)$ 也随之确定下来，这实质上是一个时空范围查询场景。在基于 SCOD 划分子域后，子域内每一个立方体的邻居都作为辅助实体划分到同一子域，因而可以快速进行热度值计算。

4.6.4　多视角出租车轨迹热点识别

出租车轨迹数据包含着大量人类的交通行为模式，这些数据被广泛应用于不同视角的热点分析研究。对出租车轨迹数据的分析处理大多具有计算与数据密集特性。本节从不同的角度分析了出租车时空热点，包括热点变化趋势分析、时空热点追踪、不同分辨率热点识别等。

案例以纽约 2015 年的黄包车轨迹点为数据源(图 4.3)，数据量接近 24 GB(近 2 亿条记录)，每一条轨迹记录包括上车位置、下车位置、上车时间、下车时间、价格、旅客人数、支付方式等信息。

1. 时空热点变化趋势分析

下车热点能够反映城市居民出行意图的普遍规律，本小节采用 block-based decomposing 方法分析全年出租车下车热点区域随时间的变化情况。为简化计算流程，所有的实验都是在 NWL 设置为 1 的条件下进行的。将 TS 设置为 2h，CS 设置为 0.01°(该空间分辨率能够识别大型建筑物级别的热点)，对比一天内每间隔两小时的热点区域分布。在所有立方体的热度值计算完成以后，利用 Filter 函数根据立方体的时间维坐标筛选出工作日的立方体，然后利用 Group 函数按照时间段对立方体进行分组，每一组中都是同一时间段的立方体，再由 Aggregate 函数对组中空间位置相同的立方体的热度值取平均，得出最终每一时段的热点分布(图 4.4)。从空间角度看，在任何一个时段，曼哈顿区的交通都是最繁忙的，其他

图 4.3* 　2015 年纽约黄包车轨迹散点图

区域只有少数几个机场所在地相对比较活跃。从时间视角上来看，在午夜[图 4.4(a)～(c)]，热点集中在少数几个交通以及酒店中心。当早高峰来临时[图 4.4(d)～(e)]，人们出行的目的地逐渐出现在了中央公园以南的地区，并不断扩大至周边区域；上班时间段[图 4.4(f)～(i)]，热点区域相对稳定，热点依然集中在中央公园以南区域。在下班时间段，[图 4.4(j)～(l)]热点区域相对分散，这也在一定程度上反映了曼哈顿区的居住地与娱乐会所的分布情况。

　　通常情况下，人们的出行模式会随着时间的变化而变化，一些典型的时间区间热点也是研究者们比较关注的。本实验选取了三个典型时间段进行时空热点识别，在所有立方体的热度值计算完成后通过 Group 与 Filter 函数筛选出指定时间区间的立方体，再由 Aggregate 函数对组中空间位置相同的立方体的热点值取平均，得出三个典型时间段的热点区域(图 4.5)。由图可知，在任何时刻，交通枢纽(包括火车站、汽车站、地铁等)都是最活跃的区域。图 4.5(a)说明午夜的热点区域还包括一些著名酒店；图 4.5(b)说明工作时间比较活跃的区域有金融中心、医院等；图 4.5(c)说明周末与工作日的早上具有显著的区别，这大概与周末人们延长了睡眠时间有关系。

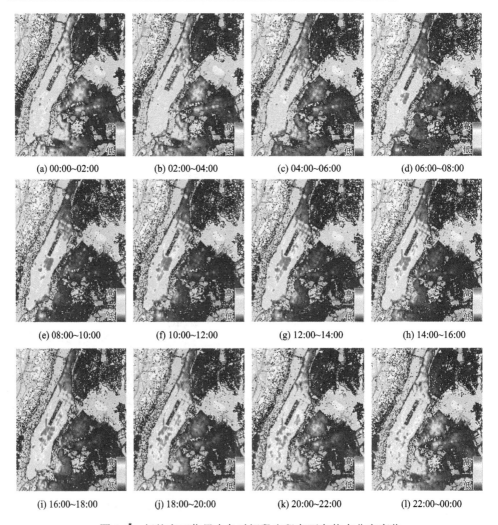

图 4.4* 　纽约市工作日内各时间段出租车下车热点分布变化

2. 不同分辨率热点识别

为了研究 CS 对热点区域识别的影响,计算了在不同 CS 条件下全年出租车下车点数据的热度值,并在计算阶段由 Aggregate 函数对空间位置相同的立方体的热点值取平均,得出区域全年平均热点分布,如图 4.6 所示。从图中可以看出,CS 越小,热点识别精度越高。当 CS=0.1 时,仅能识别纽约曼哈顿区一个热点;当 CS=0.05 时,更加细粒度的热点边界可以被识别出来,如曼哈顿与其他地区有桥相连的地区、机场区域等;当 CS=0.01 时,可以识别街道级别的热点,如火车站、工作区域等。

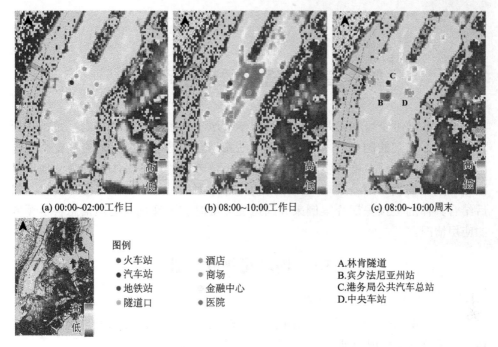

(a) 00:00~02:00工作日   (b) 08:00~10:00工作日   (c) 08:00~10:00周末

图例

● 火车站	● 酒店	A.林肯隧道
● 汽车站	● 商场	B.宾夕法尼亚州站
● 地铁站	金融中心	C.港务局公共汽车总站
● 隧道口	● 医院	D.中央车站

图 4.5* 几个典型时间段出租车下车热点分布对比

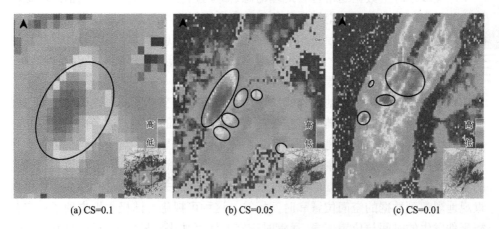

(a) CS=0.1   (b) CS=0.05   (c) CS=0.01

图 4.6* 不同分辨率条件下出租车下车热点分布对比

通过基于 SCOD 的大规模时空热点并行计算方法对出租车轨迹点数据多个视角的分析可以看出，热点分析的结论与人们的认知相符，证明了 SCOD 在时空热点分析中的适用性。

第5章 地理多维时空可视化

地理多维时空可视化是地理信息科学领域一个重要的研究方向，是指在计算机动态、交互的图形技术与地图学方法相结合的基础上，为适应视觉感受与思维而进行的地理多维时空数据处理、分析及表达的过程。本章首先从地理可视化、数据加载和渲染策略、三维可视化等方面探讨地理多维时空可视化，然后结合具体的免预先切片案例来介绍地理多维时空可视化在地理信息科学领域的应用情况。

5.1 地理可视化概述

5.1.1 地理可视化的基本概念

地理可视化是指综合运用地图学、计算机图形学、地理信息科学等学科，将地学信息可视化呈现的过程。

地理多维时空数据通常包含地理信息(如位置、经纬度等)与时间信息，是可视化的重点。地理多维时空可视化是指将时空可视化与地理制图技术相结合，使时间维度信息、空间维度信息和非时空维度的属性信息密切联系结合在一起，便于用户在视觉上更加直观、全面地探索属性数据、发现地理现象之间蕴含的内部含义、分析数据的发展规律及其变化趋势。

时空可视化通常是以地图作为底图，数据的非时空维度的属性信息作为可视化界面层叠加在底图上。其中时空数据可视化最常用的两种方法是流式地图和时空立方体，其中流式地图是地图和流程图的混合，它显示了对象从一个位置到另一个位置的移动，如迁移中的人数、交易的货物数量等。时空立方体可视化最大的特点是它可以展示出数据的空间位置与时间之间的关系。通过时空立方体可以直观地观察到数据的空间位置和时间标签，这种可视化方法极大地方便了用户分析事件发生的时间与位置信息。尽管时空立方体可视化效果优于二维平面可视化，但在数据量较多时，依然会存在可视化线条密集杂乱的问题。

根据空间的维度，可以把可视化的方法划分为一维空间、二维空间、三维空间、多维空间以及它们对应的时间序列数据五类(表 5.1)。

表 5.1　按照空间维度分类的不同类型数据的可视化方法

类型	可视化方法
一维数据	二维坐标(平面坐标和极坐标)图、折线图
二维数据	颜色映射法、等值线提取法、高度映射法、标记法
三维数据	等值面绘制、直接体绘制
多维数据	多维可视化元素表达、标记、交互
时间序列数据	周期时间可视化采用极坐标、日历可视化、时间线可视化、动画显示、时空坐标法、邮票表示法

　　根据视图的数量，可以把地理多维时空数据的可视化方法划分为多视图的可视化和多变量的可视化。前一种方法是使用多个分开的视图来展示多维数据，即每一个视图展示多维数据的一个维度或两个维度，多个视图结合起来进行多维度的数据分析。后一种方法是在一个视图中可视化时间特性、空间特性和其他属性，常见的多变量可视化的视图有平行坐标、散点图矩阵等。

　　从效果来分类，地理多维时空可视化分为：静态可视化、交互可视化和动态可视化三种。①静态可视化通常展示的是二维数据和基础类的图表。静态可视化传递数据信息直观有效，但是受数据类型和基础类图表所限，只能展示表层的、简单的数据，不能展示深层次、关系复杂的数据。静态可视化的典型是信息图，通过图标、图表、文字组合，展示某个主题的信息、数据，这种表达方式可以让读者快速获取关键信息，简洁明了。②交互可视化的核心在于人机交互。交互可视化通常展示的数据类型是多维数据，展示选择的是组合型基础图表。通过鼠标事件实现多图多级联动，在交互可视化中，可以过滤筛选用户的需求，展示不同主题的数据。可以在数据节点进行"上卷下钻"操作，查看数据内部关联情况。交互可视化能够促进人与数据的交流，增强自主参与度，通过筛选和锁定条件快速高效地寻找目标信息。③动态可视化可以体现数据变化过程，展示数据为多维数据；在充分利用交互可视化的基础上，将所有信息整合处理，以微动态的形式展示各维数据间的变化情况，让大脑在每一帧变化中感受变化，同时还能减少图表的张数；让读者对数据之间的关联情况体会得更加深刻，在视觉效果上比静态可视化酷炫。动态地图是动态可视化中一种特定载体的展示形式，能够反映出不同时刻某一主题现象的变化。

5.1.2　地理可视化发展历程

　　可视化(visualization)这个词最早是由 Philbrick 在 1953 年提出来的，现代意义的可视化在文献中出现是 McCormick 在 1987 年提出的"使用复杂的计算技术来创建可视化显示，其目的是促进用户的思维和解决问题"。随着交互式可视化的发展和2004 年至今的可视化新方向——可视分析学的兴起和进一步发展，数据可视化技术越来越成熟。

地理信息科学与可视化技术的发展密不可分，早在 17 世纪，绘图家就已经尝试在传统地图上展现图形信息。18 世纪，出现了专题绘图技术。20 世纪 60 年代，计算机的诞生和硬件的发展、计算机绘图技术的不断提升为 GIS 可视化的产生和发展提供了基础条件。

一直到 20 世纪末，桌面端 GIS 都是主流使用的系统，基于桌面端 GIS 的地理信息可视化技术蓬勃发展起来。但是，桌面端 GIS 的数据和系统都在单个计算机中，数据的共享和系统的使用受到了一定的限制。

21 世纪以来，随着互联网和计算机硬件的发展和普及，基于 WebGIS 的可视化平台逐渐出现在人们的眼前。WebGIS 是基于互联网网络的地理信息系统(GIS)平台。相比于桌面 GIS，WebGIS 在多人协作、数据共享、知识分享等方面具有明显优势。

随着 2003 年可缩放的矢量图形（scalable vector graphics，SVG）成为 W3C 的推荐标准，Web 端的可视化技术进一步丰富起来。HTML5 Canvas 绘图技术的推出以及它支持 WebGL 标准的特性，使得在浏览器端的可视化呈现出蓬勃发展的态势，基于浏览器端的可视化技术逐渐成熟。另外还出现了一些新的展现形式和交互方式，如地理动画、GIS 结合虚拟现实显示(VR)与增强现实(AR)等。

数据加载和渲染是地理数据可视化的前提和基础，也是地理可视化系统重要的基础功能。而三维可视化则是地理多维时空可视化的重要组成部分，是地理多维时空数据的一种重要表征形式，在用户与地理数据的交互中起到桥梁的作用。此外，在如今数据量巨大、更新频繁的大数据时代，免预先切片的地图瓦片服务对提高地理数据的获取和处理效率有着重要的意义，下面将分别介绍。

5.2　数据加载和渲染策略

随着对地观测技术，如全球定位导航系统、卫星遥感与航空勘测、传感器网络的进步，地理空间数据的获取手段日益先进，地理空间数量庞大、类型繁多和结构复杂的特点越加明显。地理空间数据的加载和渲染在空间信息和知识的发现过程中发挥着重要作用，主要功能是对空间数据及其变化进行二维、三维的直观表达和动态展现。如何提升地图渲染性能以增强地理空间数据提供实时服务的效能，已成为 GIS 领域研究的热点。

针对海量数据的图像化渲染中的加载延时长、系统响应慢等缺点，WebGIS 建设中经常出现的可视化效率等问题，数据渲染策略主要包括顶点压缩、地图瓦片构建、基于细分层级的实时高效渲染等策略。本节以上述几种策略为例，介绍海量数据加载和渲染策略。

5.2.1　顶点压缩技术

　　随着图像处理技术的发展，如何实现效果更为逼真的三维图像逐渐成为图像数据处理的热点。三维图像数据处理中有一个重要技术即压缩技术。三维图像数据的压缩主要包括顶点连接关系数据的压缩和顶点数据的压缩两个部分，其中，顶点连接关系数据的压缩方法，目前已经可以使顶点连接关系数据的压缩效率接近理论上的极限值。在需要处理海量地理空间数据的场景中，需要加载海量的几何数据到内存中，从 CPU 向 GPU 传递海量的几何数据存在着耗费巨大带宽的问题。使用顶点数据压缩方法可以节省大量的运行内存，更能减少 CPU 到 GPU 的带宽消耗压力(图 5.1)。所以，三维图像数据中心顶点数据的压缩方法成为影响三维图像数据显示效率的重要因素。

　　顶点属性常用于渲染三维网格，通常具有 32 位浮点精度。但是，对于许多应用来说，这个精度远远超过了需要。在许多情况下，使用不太精确的顶点数据(如16 位)不会在渲染的图像中引入任何可见的质量损失，但会节省带宽和内存，显著加快加载时间。顶点压缩技术主要包含选择范围进行标准化、编码属性值、解码属性值三个步骤。

	初始	量化	压缩
图片			
文件大小 (raw)	1872 kB	1222 kB	34.72%
文件大小 (gzip)	590 kB	502 kB	14.92%

Raw File Size Breakdown

	初始	量化	压缩
gITF JSON(gltf)	116 kB	120 kB	−3.44%
Binary Data(bin)	1753 kB	1099 kB	37.31%
Shaders(glsl)	3 kB	3 kB	0%
Total	1872 kB	1222 kB	34.72%

图 5.1　顶点压缩量化指标

1. 选择范围进行标准化

要量化一个给定的属性，第一步是在编码器端的归一化和解码器端的去归一化之后计算一个范围。选择参考值进行标准化存在多种情况，例如，对于三维顶点位置，使用模型的三维边界框可以获得较好的质量。在模型格式(gltf)编写器的情况下，因为编写器支持可选的最小和最大存取器属性，所以这些信息通常已经可用。

另一种方法是使用相同的边界框，在整个场景上平铺不同网格的量化数据。虽然这意味着更多的信息比紧密拟合更容易丢失，但它可以有效地隐藏不同网格之间的边界处可能出现的裂纹。因此，在这一点上需要注意的是，模型的边界框不一定总是与用于顶点位置的量化的边界框相同。

2. 编码属性值

使用规范化方法，第一步将所有要压缩的值映射到浮点单元范围$[0, 1]^n$，这里，n 是分量的数量(如三维顶点位置为3)。该映射可以通过从给定值减去最小归一化值，然后除以相应分量的范围来实现。

从浮点单位范围中，将值线性映射到无符号整数范围$[0,2^{p-1}]$，其中 p 是以位为单位的精度。例如，对于 16 位精度，我们将所有值映射到整数范围$[0,65535]$。这只是一个乘法运算，还有从浮点到整数格式的转换，在最后一步容易出现精确度的严重损失。

3. 解码属性值

从量化的无符号整数范围解压缩到原始范围很简单，要做的就是执行编码算法的逆操作：首先，将值从整数范围线性映射回到浮点范围$[0,1]$。可以通过将整数格式转换为浮点数然后执行除法操作来实现。其次，结果值乘以用于标准化的范围。最后，将最小标准化值添加到结果中，以实现正确的偏移。

5.2.2　地图瓦片构建

地图瓦片是将指定空间范围内的地图，在某一地图比例尺或分辨率级别下，切割成为若干行列，固定宽度的矩形图片。由地图瓦片拼接而成的地图称为瓦片地图。

传统地图瓦片的数据类型主要是二进制图片类型(PNG、JPG 等)，随着瓦片技术的发展，矢量地图瓦片的类型不再局限于简单的符号化后的图片，可以是 GML、GeoJSON 等文本格式的矢量数据，保留了原始数据的全部空间和属性信息。

在矢量瓦片预生成时需要依据金字塔层级批量构建大体量的瓦片，需要根据瓦片所表示的空间范围对矢量数据源进行空间范围检索，涉及密集的空间比较及IO 操作，因此，构建高效的、适应数据分布特征的空间索引具有重要意义。在完成空间范围检索后，还需要根据查询结果进行进一步数据处理后生成瓦片，选取合适的瓦片存储格式也有利于实现更高效的数据管理与可视化。

1. 基于改进网格与 STR R 树的混合索引

网格索引是对目标空间范围的规则划分，对分布均匀的空间数据具有良好的索引效果，但对矢量数据空间分布不均衡问题存在明显的局限性。而使用单一的 STR R 树无法利用矢量瓦片金字塔模型的组织与映射特点进行性能加速，对于矢量瓦片的原始空间数据检索场景，无法充分发挥其性能优势。因此，采用基于矢量瓦片金字塔剖分规则改进的网格索引作为一级索引，结合 STR R 树作为混合索引的可选二级索引，可有效改善原始网格索引与 STR R 树索引各自所面临的问题，从而加速空间数据的获取。

1) 混合索引的结构设计

如图 5.2 所示，以原始空间对象的外包矩形作为索引对象，基于金字塔某一层级的划分规则对索引对象按行列进行规则划分，若索引对象横跨多个网格，则冗余存储于所有对应的网格单元中，形成一级网格索引结构。同时，对高负载网格单元构建 STR R 树二级索引，根据网格单元内索引对象的分布情况进行空间划分，形成高度平衡且划分良好的二维 R 树结构。

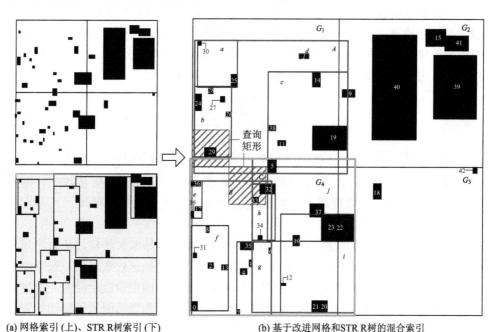

(a) 网格索引 (上)、STR R 树索引 (下)   (b) 基于改进网格和 STR R 树的混合索引

图 5.2 改进的网格及 STR R 树混合索引

混合索引以改进的哈希表作为底层数据结构，以网格单元 ID 作为哈希表的键值，以哈希桶作为索引对象的存储结构。如图 5.3 所示，哈希桶以两种方式实现，当桶内数据容量小于设定的阈值时，以简单的单链表形式存储空间数据；当桶内数据量超过阈值后，以 STR R 树索引结构组织空间数据。

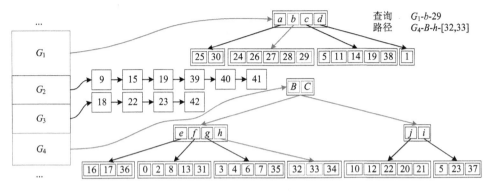

图 5.3　混合索引数据结构

2)混合索引的具体实现

混合索引由改进的网格索引与 STR R 树组成，前者实现的关键在于网格索引划分结构的确定。由于网格索引冗余存储的特性，在构建网格索引时，实际存储的数据量将远大于原始数据量。以冗余度作为数据在网格索引中冗余存储的度量，冗余度可由式(5.1)计算得到。

$$\alpha = \frac{\sum_{i=0}^{n}\sum_{k=0}^{m} N_{\text{tile}_{i,k}}}{N} \tag{5.1}$$

其中，$N_{\text{tile}_{i,k}}$ 表示大小为 $n \times m$ 的网格索引中坐标为 (i,k) 的网格单元所对应的哈希桶存储的数据量大小；N 表示原始数据总数据量。对于同一份矢量数据，网格索引划分越稠密，冗余度越高，需要的存储空间越大；划分越稀疏，冗余度越低，网格索引的索引效果越差。

矢量瓦片金字塔是以四叉树剖分方式构建的多级网格索引结构，从金字塔底层向上，冗余度逐级递减。为了利用金字塔的映射规则加速检索过程，选取金字塔中的某一层级作为混合索引的一级索引。抽取层级的确定取决于经验冗余度的设定，具体的构建方法将以空间数据的形态分布特征作为影响因素确定初始划分层级，并结合矢量瓦片金字塔的层级信息通过二分法的方式快速确定网格索引在金字塔中的基准层级。与基于其他层级构建的网格索引冗余度相比，最终确定的层级将最接近预设的经验冗余度值。如图 5.3 所示，假设以瓦片金字塔第二层级构建网格索引，以该层级表示的空间范围作为网格索引的四至，以单张瓦片表示的实际尺寸作为网格单元的大小，那么矢量瓦片金字塔中的每一张瓦片都可根据金字塔映射规则快速定位至确定的网格单元。

混合索引的另一个重要组成部分为 STR R 树索引。STR R 树是对 R 树划分方式的改进，其具体的划分步骤如下：

(1)多维数据在每一维的坐标范围表示为 $[x_{\min}, x_{\max}]$，对于 K 维数据，以式(5.2)表示其超外包矩形。设 K 维数据的超外包矩形集合为 R，集合大小为 r，则有

$$[a_i, b_i] \quad (1 \leqslant i \leqslant K, a = x_{\min}, b = x_{\max}) \tag{5.2}$$

(2)假设 R 树的每个叶子结点最多包含 n 个数据，则叶子结点个数为 $p = r / n$，按照瓦片划分的方式，每一维应划分成 $s = [p^{\frac{1}{K}}]$ 个分段。

(3)对集合 R 中的所有超外包矩形按照各维度的坐标中心 $x_{\mathrm{mid}} = \dfrac{a_i + b_i}{2}$，进行排序后根据数据量均匀划分成 S 个集合，依次递归划分。

在矢量瓦片构建场景中，所处理的空间对象为二维空间数据，故在构建 STR R 树时依次从 X 方向、Y 方向对矢量数据进行划分，形成分散的数据切片并以此作为 R 树的叶子结点，再对叶子结点进行递归划分依次向上构建。由于 R 树索引中仅有叶子结点为数据结点，故 R 树索引会增加数据存储的内存占用。

对网格索引的所有网格单元构建 R 树索引是极其耗费内存的，过高的存储占用势必会拖慢索引检索的效率。同时，当哈希桶中所存储的数据量非常小时，简单的全遍历过滤比基于 STR R 树的查询更迅速。因此，在进行优化组合时，需要设定经验阈值，若哈希桶中存储容量大于阈值时构建 STR R 树二级索引，否则以单链表存储。

图 5.4 为混合索引的统一建模语言(unified modeling language，UML)类图，以 PyramidGridRIndex 作为混合索引的实现类，该实现类继承自基类 PyramidGridIndex，在基类中实现了基于金字塔模型的查询方法，而实现类中扩展了索引的构建方式，即在构建过程中根据网格单元的存储量决定是以 GridRBulk 实现的包含 STR R 树索引的哈希桶存储数据还是以 GridBulk 实现的简单链表存储数据，两种哈希桶实现类都实现了接口 AbstractGridBulk 的数据存取方法，用以抽象化哈希桶的数据存取规则。最终混合索引以 SpatialIndex 接口对外提供开放接口，实现各空间索引的内部实现与外部调用程序之间的解耦。混合索引实现了可序列化接口，为混合索引的并行化查询提供了可能。

2. 面向多尺度瓦片构建的矢量瓦片存储格式

矢量瓦片主要用于 WebGIS 中前端地图展示，该过程涉及客户端与服务器间大量的数据交换。矢量瓦片的存储模型是矢量数据属性信息与空间信息在存储过程中的具体组织形式。选取合适的矢量瓦片存储格式不仅可以减少瓦片存储空间

的大小，更利于在瓦片加载时进行快速的传输，加快数据解析，方便渲染。常用的矢量瓦片存储格式包括 TopoJSON、GeoJSON、PBF(protocol buffers binary format)等。

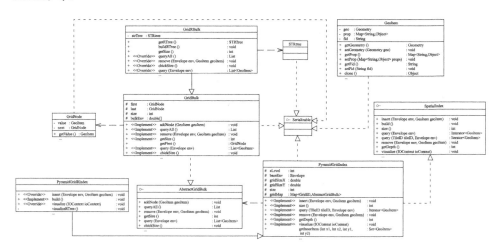

图 5.4 混合索引的 UML 类图

1) 基于 GeoJSON 的矢量瓦片存储格式

在 WebGIS 系统中，前后台的数据交换主要以两种方式实现，一种是以 XML 与 JSON(java script object notation)为主的明文格式，另一种是经过序列化的二进制格式。对于前者，在 GIS 相关的应用中通常以基于 XML 扩展的 GML(geography markup language)与基于 JSON 扩展的 GeoJSON 进行实现。而对于后者一般使用基于 Protobuf 的二进制格式实现。

由于 XML 本身的冗余存储特点，导致其存储数据量过大，限制了其网络传输的速度。同时，XML 在不同浏览器间会存在解析的兼容性问题，不易于程序的扩展。GeoJSON 是基于 JSON 格式进行扩展的一种轻量级数据交换格式，用于描述地理空间信息，其格式简单且以明文显示，容易阅读，在网络传输中也有较高的传输效率。

图 5.5 所示为多边形数据的 GeoJSON 格式表示，若将一个特征要素集合看作数据图层，那么该图层中包含了多个特征要素。同时，对于每个特征要素，其标明了要素 ID、几何对象类型、坐标信息和多个属性信息。当矢量数据经矢量切片过程生成 GeoJSON 瓦片对象后，一张矢量瓦片即为一个特征要素集合。若该张瓦片不包含任何空间要素，则集合为空。若单个特征要素被切割至多张瓦片中，只要保证要素 ID 一致，那么在后续交互过程中，可通过要素 ID 查找要素的所有局部进行完整显示。

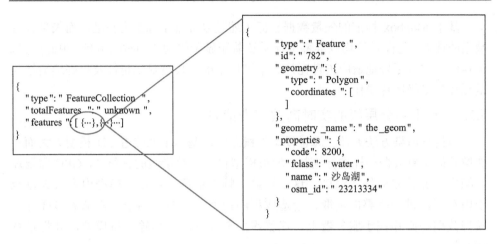

图 5.5　GeoJSON 格式结构

　　相对于 GML 而言，GeoJSON 格式更为简洁，传输效率更高，但是当矢量数据增大后，GeoJSON 格式的可读性将会变得很差。同时，由于矢量数据的切割及瓦片的分级特征，GeoJSON 对瓦片数据属性信息的存储存在大量的冗余，JSON 格式本身用于标识的数据标签亦会加大数据的冗余度，不利于前后台的数据传输。

　　2）基于 Mapbox 瓦片标准与 Protobuf 的矢量瓦片存储格式

　　基于 Mapbox 矢量瓦片标准的 Protobuf 格式是一种更加轻便高效的结构化数据存储格式，通常可用来组织存储单张瓦片数据。Protobuf 是谷歌开源的，支持多语言、多平台的结构数据存储格式，可用于结构数据的序列化，在数据通信及数据存储等领域有着广泛的应用。Protobuf 以消息（message）来定义结构数据，在每一个消息中又以键值对的形式定义消息内容。其中值类型支持多种数据类型，包括数值类型（整型或浮点型）、布尔类型、字符串、原始字节、枚举类型及其他消息类型。Protobuf 易于扩展且实现了向后兼容，其生成的序列化文件具有很高的解析与传输性能。目前，多数常用的地图发布与后台切片平台均支持基于 Mapbox 标准的切片格式，其中发布平台包括 Openlayers、Mapbox 等，切片平台包括 GeoServer、 ArcGIS Pro 等。

　　基于 Mapbox 标准的矢量瓦片存储格式对原始数据具有极高的压缩率。对于几何数据，其通过改变空间坐标的存储类型，将浮点型数据转存为整型数据，极大地减少了存储的空间。同时，其利用增量坐标将大数转变为小数，压缩了坐标值的范围，并利用编码的方式将命令序列转换为无符号整型数组，极大地减小了数据的存储量。此外，其对属性数据进行全局索引，去除了属性冗余，进一步压缩了数据。由此可见，该存储格式以其良好的规范与组织特性，很好地解决了 GeoJSON 或 GML 中数据冗余的问题。

基于 Mapbox 标准的矢量数据坐标压缩是以屏幕坐标系为基准，而矢量瓦片数据的选取、化简过程均以屏幕坐标系及前端显示作为化简时的考量。由此可见，该存储方式可更好地适应矢量瓦片金字塔模型的多尺度显示特征及更好地衔接矢量瓦片的多级切片操作。

5.2.3　基于细分层级的实时高效渲染策略

当传统渲染方法涉及"海量模型"概念时，基本上意味着 3D 模型太大而不能像其他简单数据一样进行绘制。城市模型包含大数量级的三角网，GPU 需要在一帧内计算并完成场景渲染，这就导致了帧率的严重降低；模型内容太大以至于内存无法进行完整的读取，会造成程序崩溃；同时，由于客户端的多样性，模型数据势必存在于服务器上，这就需要在互联网上传输大量模型，并将带宽降至最低。

针对上述情况，本小节将介绍海量模型的三维切片化实时渲染技术以及跳跃层级的场景加载策略。

1. 海量模型的三维切片化实时渲染技术

本方法是通过递归地将模型的三角网格细分成八叉树的空间数据结构来进行实现的。八叉树中的每个内部瓦片都包含了它所包含所有三角形的简化，随后的子瓦片以较高的细节覆盖较小的区域。

为了简化，我们利用顶点焊接和顶点聚类技术，以获得更广泛的三维模型支持。

1）顶点焊接

顶点焊接（vertex welding）又可以称为顶点去重，就是要在 Mesh 中去除重复的顶点，或者说去掉位置相重合的顶点，使之成为一个顶点，这样共有这些顶点的三角形就被"焊接"了起来。

如图 5.6 所示，在顶点焊接之前，三角形之间是完全独立的。在顶点焊接之后，在几何上等价的三角形顶点就被融合在一起，变成一个顶点，从而实现三角形顶点的共用。

去重之后的 Mesh 省去了记录重复顶点的空间，占用内存空间更小。因为未去重的 Mesh 的三角形实际上都是相互独立的，所以无法正确计算邻接面、邻接点等信息，因此无法对其进行网格平滑。削减等 Mesh 处理，同时也无法进行基于点法向的渲染，因为计算点法向需要正确的邻接面信息。焊接前的 Mesh 只是独立的三角片集合，焊接之后才真正意义上有了拓扑结构，这样无论顶点的坐标如何改变，Mesh 的拓扑都不会变，模型也不会出现缝隙。

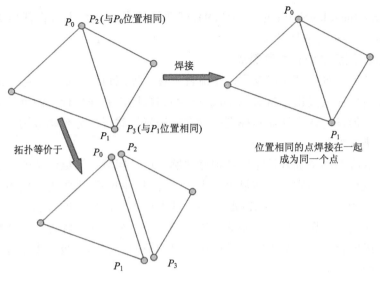

图 5.6　顶点焊接示例

2) 顶点聚类方法

顶点聚类方法又被称为顶点聚簇。顶点聚簇方法的原理首先是将原模型统一归于一个大区域，然后对大区域进行划分，使得小区域中包含了许多散落其中的顶点，再将此区域中的顶点合并，形成新的顶点，再根据原始网格的拓扑关系，把这些顶点三角化后，从而得到简化模型。图 5.7 生动地说明了顶点聚簇的原理。

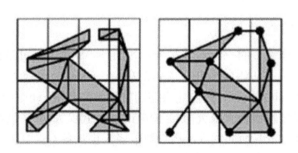

图 5.7　顶点聚簇原理示例

顶点聚簇是一种比较简单且高效的网格简化算法，可以最大限度地减少在任何时刻都需要存储于内存中的原始数据量，从而提高了流水线的效率，同时也使得必须从网络或硬盘中直接读取数据的三维瓦片变为可能，不过缺点是生成结果的质量不如其他的网格简化算法。

综上所述，根据视口的远近调整焊接深度及聚类网格大小，该技术可为远处的视口呈现数据的低细节版本，并为近视口渲染高细节数据，形成一种称为层次

细节 (hierarchical level of detail，HLOD) 模型的技术，该技术可将任何类型的大数据集可视化为三维切片集。

2. 跳跃层级的场景加载策略

在传统的三维细节层次模型渲染流程中往往使用自适应优化渲染方式，这样做可以使引擎在远离摄像机时渲染低分辨率的贴图，并在摄像机附近渲染高分辨率的贴图。但是，该方法显示模型的标准方法将加载每个分辨率级别，直到达到所需的分辨率为止。

跳跃层级的场景加载策略能够很好地解决这一问题，渲染器中的新更新允许在加载时跳过细节级别，这将显著减少加载时间、网络请求和内存使用量。为了达到这个目的，系统在遍历 HLOD 树时，基于可视化启发式的只加载一个图块的子集，并应用顶点聚合和纹理差值等技术在多个细节层次之间进行切片数据由低到高的精确融合。系统会根据当前所在视口的模型分辨率层级，优先请求到最精细的切片网格参数。

5.3 三维可视化

三维可视化是地理多维时空可视化的重要组成部分，三维可以是 xyz 三维空间，也可以是 xy 二维空间加上时间维 t，本书主要针对前者进行讨论。地理多维时空可视化即在三维空间上表达多维属性数据以及时序数据。本节将先介绍当前所流行的三维 GIS 可视化平台框架，进而以体绘制技术为例讲解三维可视化的流程。

5.3.1 三维 GIS 平台框架

当前已经有非常多的三维 GIS 平台，如国外谷歌的 Google Earth、Skyline 公司的 Skyline Globe、NASA 推出的 World Wind、ESRI 公司的 ArcGIS、开源社区的 osgEarth 和 Cesium，以及国内北京超图软件股份有限公司的 SuperMap、北京国遥新天地信息技术股份有限公司的 EV-Globe、武汉大学研发的 GeoGlobe，等等。其中 Google Earth 面向大众，用户数最多，也具备 GIS 二次开发能力，但其不是一款专业 GIS 软件。与之形成对比的是 Skyline Globe，其与 Google Earth 同源，一般认为，Google Earth 是属于民用基本的应用，Skyline 是专业领域的应用开发系统。基于不同目的，Skyline 在二次开发方面能够提供的接口以及整个产品服务流程都要比 Google Earth 强大。Skyline 作为具有代表性的一款商业 GIS 软件，与开源的 World Wind、osgEarth 和 Cesium 一起，是本书着重介绍的三维 GIS 平台。

1. World Wind

World Wind 是一套虚拟地球的免费的、开源的 API，其由 NASA Research 开发，NASA Learning Technologies 维护和发展。World Wind 使开发者可以简单快速

地创建三维地球，实现地图和地理信息的交互式可视化。其不同于谷歌地球的三维地球，因为它并不是一个应用，而是一个软件开发工具包 (software development kit, SDK)，用户可以基于 World Wind 构建属于他们自己的应用，也可以拓展 API。值得一提的是，早期的国内三维 GIS 平台，不少都是基于 World Wind 的内核进行开发的，如 EV-Globe。

World Wind 最大的特性是卫星数据的自动更新能力，这种能力使得 World Wind 具有在世界范围内跟踪近期事件、天气变化、火灾等情况的能力。拥有 NASA "血统"的 World Wind 可以利用 Landsat 7、SRTM、MODIS、GLOBE、Landmark Set 等多颗卫星的数据，将 Landsat 卫星的图像和航天飞机雷达遥感数据结合在一起，让用户体验三维地球邀游的感觉。

World Wind 主要有 Web World Wind、World Wind Android 和 World Wind Java 三种，另外其实还有 C#版，但官方现已停止更新，故使用人群相对较少。其中 World Wind Java 使用人群最多，插件种类最多，版本最稳定。Web World Wind 是基于 WebGL 和 HTML 技术开发的 JavaScript SDK，与 Java 版本相比更为轻量化，但也已支持大多数数据的加载显示，支持 OGC 标准，支持 Collda，同时提供高分辨率的地形和影像，根据需要从远程服务器自动获取，开发者也可以提供自定义的地形和影像。

World Wind 的缺点也有很多，例如，对三维模型的加载没有优化，一旦模型增多就会显著卡顿，且存在模型漂移问题；Web 端瓦片服务不稳定，经常会崩溃，浏览器的瓦片缓存和随后的渲染也有问题，经常会出现大片的瓦片没有渲染或渲染很慢的情况；桌面端占用资源多，存在进程锁死和内存泄漏问题，等等。

2. osgEarth

OpenSceneGraph 是一个开源的三维引擎，被广泛地应用于可视化仿真、游戏、虚拟现实、科学计算、三维重建、地理信息、太空探索、石油矿产等领域。OSG 采用标准 C++和 OpenGL 编写而成，可运行在 Windows、OSX、GNU/Linux、IRIX、Solaris、HP-Ux、AIX、Android 和 FreeBSD 操作系统。OSG 在各个行业均有着丰富的扩展，能够与使用 OpenGL 书写的引擎无缝结合，使用国际上最先进的图形渲染技术。

osgEarth 是一个扩展了 OSG 功能的数字地球引擎，为开发 osg 应用提供了一个地理空间 SDK 和地形引擎，开发者只需要创建一个简单的 XML 文件并将其指向地图数据就可以开始使用。osgEarth 提供基于 osg 开发三维地理空间应用的支持，同时支持对开放式绘图标准，技术和数据的交互操作，用户可以直接从数据源可视化地形模型和影像。osgEarth 在很多情形下可以替代离线地形数据库创建工具，用户可以通过 osgEarth 访问开放式标准的地图数据服务 (如 WMS 和 WMTS)，将基于 Web 服务的影像数据和本地存储的数据整合，以及在运行时嵌入新的地理空间数据层。

3. Skyline

Skyline 公司出品的 Skyline Globe 类似于 ArcGIS，也是一套产品体系，主要有 TerraBuilder、TerraExplorer 和 SkylineGlobe Server 三个系列产品。其中 TerraExplorer 用来构建和展示三维场景，其提供了桌面端、Web 端和移动端供用户使用。

TerraExplorer Pro 提供了一整套的 API 供用户进行二次开发，还可以创建扩展用以访问外部资源，如访问数据库、矢量数据、地理空间数据文件。TerraExplorer Pro 的所有接口都基于 COM 协议，支持以脚本语言或非脚本语言进行二次开发，常用的是 JavaScript 或 C#。在 Web 端进行开发的时候，TerraExplorer Pro 提供了一套 ActiceX 控件用于构建可视化界面，需要注意的是该 ActiveX 控件只适用于 IE 浏览器。

TerraExplorer for Web 是 Skyline 推出的针对 Web 端的轻量级三维 GIS 浏览器，用户可以不加载任何插件，在网页中使用 TerraExplorer 专业的工具对高精度的可交互的三维地形场景进行浏览、分析等操作。但值得一提的是，该三维 GIS 浏览器基于下面所述的 Cesium 内核。

4. Cesium

相比于上述三个平台，Cesium 定位最为纯粹，其就是一款开源的 JavaScript API 库，专注于使用 WebGL 技术来方便用户，无须使用其他任何插件来构建自己的虚拟地球 Web 应用。其在性能、精度、渲染质量以及多平台、易用性上都有高质量的保证。Cesium 特有的 3D Tiles 数据规范在 gltf 的基础上添加了细节层次（levels of detail，LOD）处理，用户可以在浏览器端加载和浏览城市级海量三维数据模型。

Cesium 整体架构可分为四层：核心层、着色器层、场景层、动态场景层。

（1）核心层。核心层是系统的最底层，主要包含与数学运算有关的函数，包括：①矩阵、向量和四元数；②坐标转换；③地图投影；④光源位置。

（2）着色器层。着色器层是对 WebGL 的简单抽象，它保留了 WebGL 的大部分特性，但需要的代码更少。该层主要包括：①内置的着色器语言；②着色器程序的抽象；③纹理和立方体贴图；④缓冲区和顶点数组；⑤渲染状态；⑥帧缓冲区。

（3）场景层。场景层是在核心层和着色器层的基础上构建的，以提供相对高级的地图（地球）结构，主要包括：①使用同一个 API 的三维地球和二维地图；②从多个数据源中流式传输高分辨率遥感影像；③线、面、多边形、文字标签、椭圆体和传感器；④控制视图并响应输入的相机。

（4）动态场景层。动态场景层构建在前三层之上，主要通过处理 CZML（一种新的基于 JSON 的结构)来展现随时间动态变化的图形场景。该层不需要手动更新每一帧的基元,它支持将数据加载或流式传输到高级动态对象的集合中,然后使用可视化组件进行渲染,只需要进行一次更新调用即可将整个场景更新到新的时间。

Cesium 的更迭速度快,基本每个月都会更迭一个版本,用户数众多,社区讨论积极,在使用中碰到的问题常常能得到及时的解答,用户也能根据自身的需求直接修改源码。Cesium 的缺点是对于许多常用的空间分析功能没有提供开放接口,也没有提供一些基础的地图量测和绘制工具,都需要用户自定义开发。

5.3.2　大规模地理数据可交互式时空过程体绘制

本小节主要探讨现有计算机体绘制技术的分类和方法;介绍面向可构形遥感碳通量数据的体绘制方法;设计基于异构计算框架的碳通量时空数据构形和更新模型,并在 CUDA 上实现;介绍基于半角切片的可构形碳通量时空过程实时体绘制算法,实现碳通量及碳源汇格局时空变化过程的可交互式表达。

1. 计算机体绘制技术

当前三维体绘制的方法主要是基于面绘制技术,即间接体绘制。它从空间三维数据中提取表面信息(曲面或平面),得到特定对象的三维表面模型,再加上光照和纹理进行渲染。这种方法比较容易实现,但是面元与面元之间彼此孤立,只能表现出体数据的部分信息,不能表现对象的全貌,尤其是对象内部的信息。

然而,空间内部信息对于研究具有重要意义。外表面的信息是内部整体变化的结果,运用直接体绘制技术对空间信息进行三维可视化,能够真实地展示其内部属性信息,从空间和时间上对时空数据进行连续的三维可视化分析。近年来空间数据呈爆炸式增长,其数据量越来越大,时空分辨率越来越高,这有利于体绘制技术的实现。

体绘制技术的特点是能够表现三维数据场的全貌,并且能够突出感兴趣的细节部分,而这正是科学计算可视化,尤其是像海洋、大气、地质以及医学影像等规整三维数据集所需要的表现形式。不同于传统图形学点、线、面的表达,此类技术并不绘制等值面,而是以体素(voxel)作为基本单元。数据场被组织为大量的体素集合,每个体素都具有一定的光学属性,通过计算所有体素对光线的作用得到最终的二维图像,因此可以表现三维数据场的内部结构。

因为体绘制技术需要考虑所有体数据的贡献值,所以绘制结果包含了更大的信息量,能真实地反映三维数据中的隐含信息,如人体组织、云雾、水团等。同时,伴随着数据量的增加,它需要更强的计算能力和更大的存储空间才能实现。当前,基于 GPU 的体绘制技术能极大限度地提升效率。

2. 体绘制的流程

体绘制的流程一般可分为：数据生成、数据预处理、分类与映射，以及绘制与显示。

1) 数据生成

三维体数据场可以通过各类仪器监测生成，也可以由计算机通过数值模拟生成。体素是体绘制的基本数据单元。体素的定义方式分为两种：一种是将采样点周围的空间作为一个体素，其内部看作均质单元；另一种是通过采样邻近顶点，再进行插值确定当前空间位置的体素值。

2) 数据预处理

原始的三维数据集不一定能直接用于体绘制。数据预处理一方面需要去除错误和冗余的数据或者噪声，对数据进行增强；另一方面应尽可能地简化数据，或对数据进行分层、分段等处理，提高数据的绘制效率。

3) 分类与映射

人眼是通过颜色、形状等信息来分辨物体的，但三维体数据本身并不具备这些特征，因此，需要将这些数值化的物理量（如温度、密度等）转化成可被人理解的元素（如颜色、亮度等），即分类。

分类是通过传输函数实现的，它定义为三维数据的数据属性到光学属性的映射，包括线性映射、指数/对数映射和高斯函数等。传输函数用于区分原始数据集中的不同物质和不同结构，直接决定体绘制的信息表达效果。传输函数的实质是将数值映射为颜色值和透明度，较为常见的是一维传输函数。它仅将数据的标量值作为传输函数的输入值，优点是简单易行。但一维的传输函数较难提取复杂特征，如相同数值可能代表不同物体的情况，或者是物质之间存在复杂边界的情况。因此，可用二维传输函数来表现物体的表面轮廓。此外，曲率、散度等二阶导数、三阶导数的信息也可以作为传输函数的输入，从而更细致地表现三维体对象，绘制质量更高，但计算的复杂度也更大。

4) 绘制与显示

绘制是指利用计算机图形学的基本方法，对绘制的对象进行变换（包括缩放、旋转、平移、投影和裁剪等操作），在特定的光学模型下进行渲染（包括消隐、阴影和抗锯齿等处理），最后将结果混合到最终的图像上。

变换的实质是改变组成图形的各点坐标，可以通过视点变换或坐标变换两种方式实现。对于体绘制而言，一般认为渲染对象的位置固定，通过视角的变换进行实现。本章所采用的基于粒子的体绘制，需要考虑粒子系统的运动状态，必须同时进行视点变换和坐标变换。

体绘制算法将体数据当作是由微小发光粒子构成的一种三维数据场，这些粒子通过发射、吸收和反射光线改变三维数据场的呈现形态。发光粒子的颜色和透明度值的采样基于该体素的光强度值，因此需要定义体绘制的光学模型。体绘制算法采用了全局光照模型，除了要考虑粒子对光线的吸收、发射外，还要考虑光线的折射、反射等效果。

混合是指图像的合成，体绘制将三维体素绘制成二维图像，在利用光线穿过体素（或体素合并）的过程中会出现前后体素遮挡的情况，需要进行混合处理，即将像素所有片段的颜色和不透明度进行合成，最后计算出该像素点的颜色。合成的方式分为以下两种。

(1) 从后向前合成。把采样的体素值从背面向前面排序，按照式(5.3)迭代地计算颜色和不透明度，这个过程也称作上算子(over operator)。

$$\begin{cases} \tilde{C}_i = C_i + (1 - A_i)\tilde{C}_{i+1} \\ \tilde{A}_i = A_i + (1 - A_i)\tilde{A}_{i+1} \end{cases} \quad (5.3)$$

其中，C_i 和 A_i 分别为从片元沿视线获得的片段 i 的颜色和不透明度，$\tilde{C}_i$ 为从背面开始累积的颜色。

(2) 从前向后合成。把采样的体素值从前面向背面排序，按照式(5.4)迭代地计算颜色和不透明度，这个过程也称作下算子(under operator)。

$$\begin{cases} \tilde{C}_i = (1 - \tilde{A}_{i-1})C_i + \tilde{C}_{i-1} \\ \tilde{A}_i = (1 - \tilde{A}_{i-1})A_i + \tilde{A}_{i-1} \end{cases} \quad (5.4)$$

其中，$\tilde{C}_i$ 和 $\tilde{A}_i$ 分别为从前面到背面累加而得的颜色与不透明度。

3. 基于图像空间的体绘制

基于图像空间的体绘制方法，其实质是反向模拟光线穿过物体的过程。对屏幕的每一个像素，从视点方向发射射线，通过屏幕和三维数据场。在数据场中对射线进行采样，合成为像素点的颜色与透明度值，最终获取整个屏幕的图像。因为需要对每个像素进行逐一扫描，所以效率相对较低。

光线投射(ray casting)算法是这类体绘制的一种经典算法。这种算法通过测试光线与物体表面的交点来确定屏幕像素的颜色值，具体步骤如下：

(1) 对于屏幕上每一像素，从视点位置出发，向其发射一条光线。

(2) 计算光线与场景中物体的全部交点。

(3) 沿着光线的方向，对上述所有交点排序，得到离视点最近的交点。

(4) 根据光照模型计算该交点颜色值，并将颜色值赋给该像素。

对于可透视的体数据，可以将多个交点的采样颜色值按照混合函数进行合成，得到像素的最终颜色，如图5.8所示。

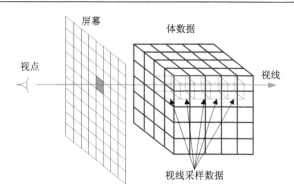

图 5.8* 光线投射算法示意图

光线投射算法常与光线跟踪算法混淆，它们最大的区别在于前者仅投射一次光线，而后者则需要递归地计算光路。光线投射算法适用于规则的三维数据集，如 CT 数据、海洋大气数据集等，常用于科学计算可视化领域，能较好地表现数据的整体情况。光线跟踪算法则常用于真实感三维模型的渲染。然而，基于图像空间的算法一般基于局部光照模型，较难实现光线的多重散射或光线渗透等现象，较难模拟三维数据模型在真实世界中的情况。

4. 基于物体空间的体绘制

基于物体空间的体绘制方法的基本思想是将体数据划分为多个基数据，通常是以体素作为基数据。首先要给定每个体素的颜色与透明度值，并确定视平面与视线方向，再将每个体素点的坐标从世界坐标系变换到投影坐标系（或图像坐标），然后根据光照模型确定每个数据采样点的光强度（反映为颜色与透明度值），最后根据采样点的合成函数计算像素点在二维图像上的颜色与透明度值。这类体绘制可以引入全局光照模型，从全局角度计算光照，获得更为真实的渲染效果。

基于物体空间的体绘制代表算法包括 Splatting、Shear-Warp 和纹理映射法等。当前许多照片级真实感图形渲染算法也可以认为是基于物体空间的体绘制算法，如辐射度算法、光子映射算法等，但这类算法并不适合表现科学计算可视化的规整体数据，因此本章不详细讨论。

Splatting 通过高斯函数定义每个体素属性（颜色和透明度）的强度范围，然后从后向前合成体素，获得最后的图像。Shear-Warp 的原理是先将三维数据场投影到与数据场切面方向平行的切片上（shear），然后再将这些切片投影并合成到屏幕上（warp），从而在数据采样时就实现降维。

纹理映射算法首先将体数据载入缓存，然后再由硬件从纹理缓存中进行采样，最后混合得到图像。根据纹理类型可以分为二维纹理映射和三维纹理映射。其中三维纹理映射体绘制先将体数据保存在一个三维纹理中，再构建一组与视平面平行的面片（slice），面片上的颜色和透明度值从三维纹理上采样，最后通过合成这组面片来获取最终的图像,如图 5.9 所示。由于直接采用了三维纹理,纹理与数据的映射更为真实,且当前计算机图形硬件都对三维纹理提供了支持。

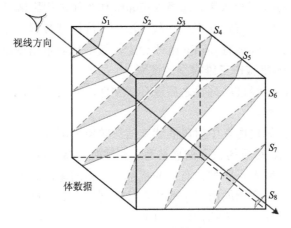

图 5.9　三维纹理映射原理

　　三维纹理映射体绘制的绘制效率仅和体数据集大小有关,且充分发挥了图形处理器的性能,能获得较高的渲染效率和较好的渲染效果,因此可以采用这种方法进行海洋三维数据集的时空体绘制。

5. 半角切片体绘制算法

　　在半透明物体的绘制中增加阴影,可以表达体内物质的深度信息和位置信息。阴影的绘制需要在光线通过体内时进行积累。传统的体绘制方法在绘制半透明对象时一般不包含体内的阴影信息。在绘制光线传输以散射为主的对象时,较难为介质提供足够的光照特性,而很多常见物体的外观是由内部介质的散射效果决定的,如烟、雾、云等自然现象。

　　半角切片渲染(half angle slice rendering)最早由 Kniss 等提出,通过在体内累积光线的衰减来产生阴影,从而获取高质量的散射效果,是一种高效的交互式体绘制模型。多重散射的计算需要巨大的计算量,而采用预计算的方法则是基于视点和光线位置的,因此较难实现交互式的绘制。尽管多重散射效果和间接光照对于半透明物质的体绘制非常重要,但对于可视化而言,它们并不需要绝对精确的结果,可以通过定性计算来降低计算量。此外,这种方法还通过添加随机 LOD 白噪声,实现向体数据添加细节,产生更真实的云、雾等效果。

5.3.3　城市三维场景可视化案例

　　本案例将从倾斜摄影测量模型数据本身和三维 GIS 平台两方面对基于倾斜摄影测量成果的城市三维场景可视化进行介绍。

　　从模型数据本身入手,通过已有的三维模型查看软件和工具,初步了解倾斜摄影测量三维模型数据的文件组织方式和文件之间的关联，然后通过一些方法查看三维模型文件的内容，了解数据结构，从而掌握文件组织的原理和机制。

从现有三维 GIS 平台入手，选择 osgEarth 作为倾斜摄影测量成果做城市三维可视化的平台，了解 osgEarth 平台加载、渲染三维模型数据的流程，并实现把倾斜摄影测量成果加载到现有 osgEarth 平台上，较好地展示出城市三维场景。

1. 倾斜摄影测量城市三维模型的读取

模型数据通常会经过序列化之后保存成文件，而反序列化则是从这些文件中还原模型对象的过程。

序列化是把计算机内存中对象的状态信息转换为可以存储或传输的形式的过程。在序列化期间，对象的状态信息被写入到临时或持久性存储区。序列化之后，可以从存储区读取或者反序列化对象的状态，重新创建该对象。

一般而言，对象实例的所有字段均会被序列化，对象被表示为特定格式的序列化数据，能够解释该格式的代码就可能确定该对象实例的字段值，而忽略其对象字段的访问性。因此在序列化的时候需要根据对象字段的可访问性进行差别处理，以保证重要的安全性数据在序列化后不被非法读取。

序列化同样要考虑对象引用的问题，如果对象的一个字段是另一个对象的引用，则存在多个对象同时引用同一个对象的情况。如果不做特殊处理，在经过序列化、反序列化之后，一个被引用对象在内存中会变成多个互不相关的对象，给数据一致性带来挑战。所以序列化的时候不仅仅要记录字段值，还需要保证对象只会被保存一次。

序列化现在常用的技术主要有二进制序列化、XML 序列化和 JSON 序列化三种方式。

以 OpenSceneGraph 为例，其原生支持的模型文件格式为 osg 格式。OpenSceneGraph 官方提供的模型数据样例都是 osg 格式，包括著名的牛模型 cow.osg。OpenSceneGraph 的模型对象经过二进制序列化后得到 osgb 文件，经过 XML 序列化后得到 osgx 文件，经过 ASCII 序列化得到 osgt 文件。

而 OpenSceneGraph 也提供了一些原生类来反序列化读取模型数据文件。

2. 倾斜摄影测量城市三维场景的组织及渲染

1) 倾斜摄影测量模型数据的文件组织

倾斜摄影测量得到的模型数据以 osgb 文件格式存储于文件系统，有规律地分布在文件目录之中，同时会有辅助文件来展示整个倾斜摄影测量三维场景的基本信息。如图 5.10 所示，在主文件夹下，有一个 Data 文件夹，一个 metadata.xml 文件。

图 5.10　倾斜摄影测量数据的文件组织

metadata.xml 文件打开之后，可以看到众多标签，每个标签表示模型数据的某个属性，标签的文本则记录了属性的值。

<SRS>标签记录了模型数据使用的空间参考系统(spatial reference system，SRS)，本案例使用的数据是使用 WKT 形式表示的 WGS84 坐标系。

<SRSOrigin>标签记录了模型坐标系原点的真实地理坐标。模型数据都是定义在模型坐标系里的，模型的坐标表示的是相对于模型坐标系原点的位移。知道了模型坐标系原点在空间参考系统下的地理坐标，就能解析出任意模型在真实地理空间中的位置。

Data 文件夹下有众多的 Tile 文件夹，每个 Tile 文件夹的命名规则为"Tile_+***_+***"。在 Acute3D 软件中打开模型文件，发现倾斜摄影测量的三维场景是由分行分列的块状区域组成的，每一个瓦片区域对应着一个 Tile 文件夹，可以知道名为"Tile_+行号_+列号"的文件夹下保存了瓦片"Tile_+行号_+列号"的模型信息，行号和列号是瓦片在整个场景中的行号和列号。

每一个 Tile 文件夹下包含了此瓦片区域的一系列模型 osgb 文件。通过使用 OpenSceneGraph 自带的工具 osgViewer 去逐个观察每一个 osgb 模型文件，发现这些 osgb 文件是不同精细程度的、有着类似金字塔等级的模型数据。

2) 倾斜摄影测量数据的数据结构

因为 osgb 格式是 osg 格式的二进制序列化文件，不具备可读性，无法了解倾斜摄影测量得到的 osgb 文件的内部信息，所以需要把 osgb 文件转换为具有可读性的形式。osgx 格式是 osg 格式的 XML 序列化文件，具有很好的可读性，因此本案例使用 osg 自带的格式处理功能把倾斜摄影测量得到的 osgb 文件转成了 osgx 格式。

从 osgx 文件中的信息可以得出倾斜摄影测量数据一个区域下 osgb 文件的内部组织结构，如图 5.11 所示。倾斜摄影测量 osgb 格式首先按区域存储在不同文件夹下，同一区域不同层级的数据以 PagedLod 的形式存储在不同的 osgb 文件中。一个 osgb 文件记录着 1～4 个 PagedLod 对象，每个 PagedLod 指向记录着下一层级信息的 osgb 文件。

3) 城市三维场景的渲染机制

OpenSceneGraph 的场景图形是一帧一帧地渲染显示的，渲染完一帧之后，对场景做各种更新工作，然后渲染下一帧。在这个过程中，会使用访问器遍历场景数据，更新场景的分页数据库和分页图形库，然后处理用户自定义的更新工作队列，并且根据漫游器的状态更新摄像机的观察矩阵。场景的分页数据库和分页图形库可以加速海量场景的渲染效率。

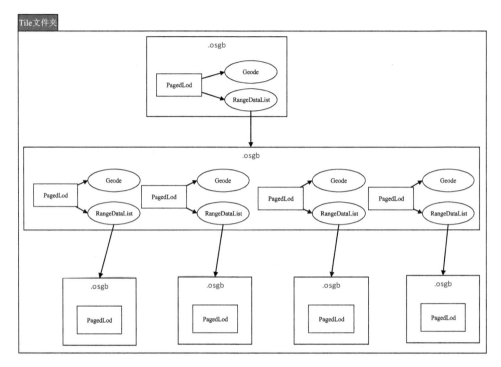

图 5.11　倾斜摄影测量数据的内部组织结构

　　分页技术应用十分普遍，海量大规模数据库的搜索会采用分页的方式，只搜索数据库的相关部分的内容。当三维场景中的数据量十分巨大时，往往也要用到动态分页技术以减少三维场景显示给计算机系统带来的负担，这里的"页面"指的是摄像机的视口范围以及层次细节范围(range)。

3. 倾斜摄影测量城市三维场景的显示

　　为了让 osgEarth 平台支持对倾斜摄影测量三维场景的扩展，需要一个插件来负责识别、读取三维场景数据。本案例插件的主要功能是实现对没有索引的倾斜摄影测量城市三维场景生成一个索引文件，或者对已经存在索引的倾斜摄影测量城市三维场景读取索引中的信息，读取 metadata 文件中城市三维场景的坐标参考信息，把索引中记录的模型对象反序列化。根据模型对象的数据类型以不同的方式加载到场景树中，然后根据三维场景的坐标参考信息对模型数据做矩阵变换，最后向 map 容器注册模型图层，把模型图层与城市三维场景相关联。

　　倾斜摄影测量得到的三维场景是由很多的三维模型文件构成的，它们数据量巨大，分布在不同的文件路径下，组织复杂，而且相互之间的联系繁复。如果在加载倾斜摄影测量得到三维场景时去遍历文件夹,读取其中模型文件的信息,然后再根据读到的信息加载模型文件,不仅加载过程缓慢、效率低,而且每一次加载三维场景都需要重复这一过程。因此在真正加载场景数据之前,需要做预处理,遍历文件夹,读取三维场景下所有模型文件的信息,并且把信息输出到一个 xml 文档之中。之后加载场景数据就直接读取 xml 文档,解析 xml 文档中的信息之后定位需要的模型文件并显示。预处理中输出到 xml 文档的信息包括三维场景简要信息和三维模型信息。此 xml 文档也被称为模型索引文件。

倾斜摄影测量三维场景的坐标参考信息存储在 metadata.xml 中,实现在 osgEarth 平台上加载城市三维场景,要读入 metadata.xml 中的坐标参考信息,然后根据模型数据和坐标信息把模型加载到三维地球的对应位置上。打开并且读取 xml 文件中需要的数据,由 osgEarth 提供的 xmlUtils 模块提供支持。

模型场景插件读取到三维场景索引 idx 文件之后,会依次读取索引中记录的模型数据。模型场景插件需要根据模型数据的类型以不同的方式合并加载到场景树中,并且根据其各自的地理位置进行位置变换。

完成好的整个倾斜摄影城市三维场景贴合在了三维地球的地形底图之上,如图 5.12 所示。

图 5.12[*]　大规模倾斜摄影测量数据展示效果

随着摄像机在场景中的漫游,当城市三维场景中的要素接近视点时会使用合适精细程度的模型参与渲染,能够较好地展示出城市三维场景的细节,如图 5.13 所示。

图 5.13* 精细化房屋展示效果

5.4 免预先切片的地图瓦片服务

5.4.1 免预先切片技术简介

随着网络地图技术的飞速发展，矢量瓦片技术在为用户提供快速获取地图数据的同时，也允许用户与地图产生更多的互动。本节中介绍的免预先切片技术能够在数据量巨大、数据更新频繁的今天，更好地满足用户对空间数据的获取效率、处理效率以及实时性、交互性的要求。

免预先切片技术具有以下三个特点。

(1)无须预先完成完整地图矢量数据的切片和存储,仅获取实时显示范围内的地表覆盖要素数据。

(2)传统的矢量数据在生成切片后如果数据库内有更新,那么需要重新生成一套新的切片文件，用于更新后的显示。免预先切片技术可以保证当数据库中的数据变化后，再次请求的数据是改变后的，即每一次在客户端刷新显示的是实时更新后的结果。

(3)相比于普通的矢量切片技术,免预先切片技术最大限度地减少了矢量数据的拼接，保证了要素的完整性和安全性。

5.4.2 基于 HBase 的地表覆盖数据免预先切片方法

本节中介绍的免预先切片技术，针对高精度地表覆盖数据的快速可视化，引入列式数据库 HBase 存储地表覆盖数据，设计了一种数据组织存储策略，实现空间、时态和属性、统计信息的统一管理；引入静态多级格网结构，针对地表覆盖数据特征设计了一种多级格网空间索引，将地表覆盖数据按照面积大小和分布范围分层分块，使得基于空间关系的检索更加高效；基于 HBase 分布式存储技术和静态多级格网索引，实现矢量数据的实时切片与高效可视化。

1. 数据存储设计

地表覆盖数据量巨大，采用传统的 Oracle+ArcSDE 进行存储存在效率低下、扩展困难等缺点。因此，针对地表覆盖数据的存储应用需求，我们采用了基于 HBase 的存储方案。

HBase 表中，行数据是按照 Row Key 顺序存储的，所有的检索都是基于 Row Key 的，因此在设计的过程中设计数据表的 Row Key 与数据的查询需求密切相关。根据实际需求，基于行政区以及地理国情分类编码的查询方式是最经常使用的，所以采用了 RegionCode+CC+FID 编码的方式组成 HBase 中地表覆盖表的行健，其中 RegionCode 为 12 位行政区编码，CC 为 4 位地理国情分类编码，FID 为 8 位要素编码。

而在 HBase 表中，同处于一个 ColumnFamily 中的列在物理上是存储在一个文件上的，因为把相关度比较高的数据放在同一个 ColumnFamily 里可以在一定程度上减少数据访问时磁盘 IO 的次数。基于此，可将 LCRA 表分为三个列簇：COLUMNFAMILY_PROPERTY、COLUMNFAMILY_GEOMETRY、COLUMNF-AMILY_STATINDEX，其中 COLUMNFAMILY_PROPERTY 存放属性相关的列，COLUMNFAMILY_GEOMETRY 存放 Geometry 相关的信息，COLUMNFAMILY_STATINDEX 存放统计指标信息。

地表覆盖数据表结构如图 5.14 所示。

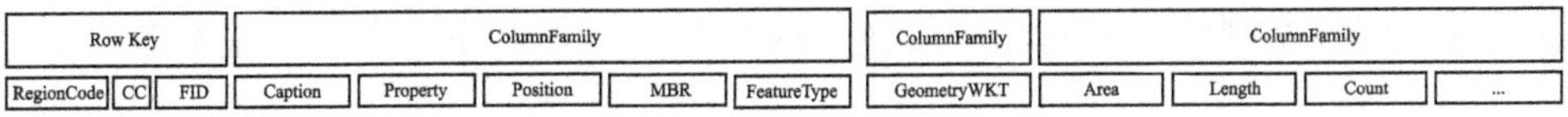

Row Key			ColumnFamily					ColumnFamily	ColumnFamily			
RegionCode	CC	FID	Caption	Property	Position	MBR	FeatureType	GeometryWKT	Area	Length	Count	...

图 5.14　地表覆盖数据表结构

地表覆盖数据表的列描述信息如表 5.2 所示。

表 **5.2**　地表覆盖数据表结构说明

列簇	列名	说明
COLUMNFAMILY_PROPERTY（属性）	Caption	要素标题
	Property	要素属性
	Position	要素中心点位置
	MBR	要素外包矩形框
	FeatureType	要素几何类型，包括 Point、Polyline、Polygon

列簇	列名	说明
COLUMNFAMILY_GEOMETRY (几何信息)	GeometryWKT	WKT 格式的要素几何信息
COLUMNFAMILY_STATINDEX (统计信息)	Area	要素面积
	Length	要素长度
	Count	要素个数
	...	其他统计指标

2. 地表覆盖数据索引构建

相比于传统空间索引，多级格网索引主要有以下优势：

(1)索引的层次结构是静态的，预先设置好的，不像传统的四叉树索引会不断分裂，不容易受到数据更新的影响。

(2)在要素分布不均匀时，不会像四叉树一样不断分裂导致层级过多，降低检索效率。

(3)索引将地表覆盖数据按照面积大小和分布范围分层分块，使得基于空间关系的检索更加高效。

在基于已有的数据存储表中的要素建立索引的时候，一个地表覆盖要素可以被多个不同层级的格网全包含。如果每一个包含关系都记录下来会产生数据冗余，因此每一个地表覆盖要素仅被记录在完全包含该要素的最小的格网中，如图 5.15所示。在完成格网索引表构建后，地表覆盖要素就按照面积大小和位置分布的情况分配到了不同的格网中，一个格网中可以记录多条记录，多条记录对应相同的索引号，同一格网的空间对象不仅在空间分布上相邻，面积大小也差不多。

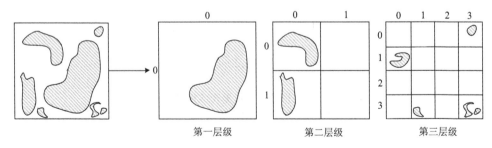

第一层级　　　　　　　　第二层级　　　　　　　　第三层级

图 5.15　地表覆盖要素与格网的对应关系

下面是格网索引表的构建过程：

(1)遍历数据存储表，一次获取数据表中记录的 Row Key，假设为 DataRowkey，以及 GeometryWKT。

（2）根据 GeometryWKT 获取外包矩形框。

（3）按照多级格网索引的数据插入过程找到该要素对应的格网。

（4）对格网进行 Z 曲线编码，假设该编码为 IndexRowkey。

（5）从 DataRowkey 中提取出地理国情要素分类码的大类，假设为 CC。

（6）以 IndexRowkey 为 Row Key，以 DataRowkey 为值，将 DataRowkey 插入到 CC 所属的 ColumnFamily 中。

多级格网索引表的构建过程如图 5.16 所示。

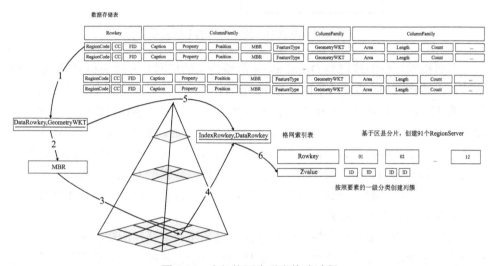

图 5.16　多级格网索引表构建过程

3. 地表覆盖数据检索算法设计

完成数据入库与格网索引的构建以后就可以实现对显示范围内的地表覆盖数据进行检索了。

在前端利用 OpenLayers 进行可视化时，OpenLayers 会根据可视化范围和缩放程度，请求 6 块瓦片，请求格式为 "z/x/y"，其中 z 表示请求瓦片的层级，x 表示请求瓦片的行号，y 表示请求瓦片的列号。

对实时请求的 6 块瓦片包含的要素分别进行检索，对应的范围即每一块请求的瓦片的范围。

如图 5.17 所示，请求的瓦片与格网可能存在三种空间关系：①请求的瓦片完全在格网的内部；②请求的瓦片与格网没有包含关系；③格网完全在请求的瓦片的内部。

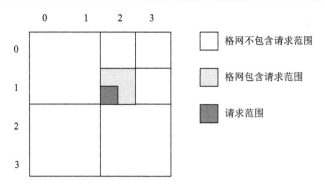

图 5.17　请求的瓦片与格网的空间关系

多级格网划分的规则与 OpenLayers 前端请求的格网划分规则相同。根据多级格网索引结构可知，假设请求的是第 12 层第 3436 行 1691 列的数据，则该瓦片全包含第 12 层第 3436 行 1691 列格网及其所有的子格网，也就是说该瓦片包含第 12 层第 3436 行 1691 列格网及其所有的子格网中的地表覆盖要素。所以，在对瓦片范围内的地表覆盖要素进行检索时，首先将请求的瓦片所在格网及其所有的子格网加入到 ScanList 中，用于下一步获取地表覆盖数据的 DataRowkey。

而 12 层以上的数据则需要进一步进行数据检索，获取与请求瓦片相交或全包含请求瓦片的地表覆盖要素。

数据检索的主要原理是按层级自顶向下遍历至请求瓦片所在层级，找出每一层级中全包含请求瓦片的格网，在完成格网与请求瓦片的空间关系判断以后，就获取一个标记了与请求瓦片空间关系的格网列表，列表里面的每一条记录都包含一个格网的层级、行列号信息(用 Zvalue 表示)以及与多边形的空间关系(仅记录包含，不记录不包含)。根据这些信息就可以在索引表的桶里面获取对应于数据表中记录的 DataRowkey，根据这个 DataRowkey 可以在数据表中获取到对应的候选记录；如果这个格网全包含请求范围，则这个 DataRowkey 添加到 GetList 中，还需要进一步判断请求范围与候选记录是否存在相交关系。空间检索的流程如图 5.18 所示。

4. 矢量数据的简化和序列化

随着地图分辨率降低，继续保持原有空间对象的几何精度将导致大量数据冗余，通常也没有实际意义。在一定缩放比例下，略去或简化一些细小的数据，可以在不影响地表覆盖数据信息传达和显示效果的情况下，一定程度上减少传输的数据量。

采用 Douglas-Peucker 算法来实现矢量线、面数据简化，其计算过程如图 5.19 所示。

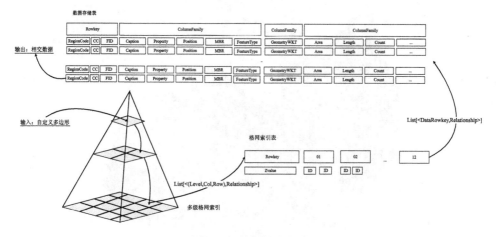

图 5.18　数据检索流程

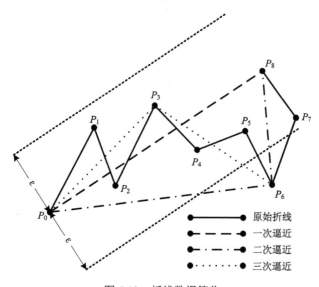

图 5.19　折线数据简化

　　在对简化后的 WKT 进行可视化之前，需要对 WKT 数据进行序列化处理，将数据格式转换为 OpelnLayers 可解析的二进制返回到前端。

　　由第 3 小节"地表覆盖数据检索算法设计"的介绍分析可知，PBF 格式以二进制流存储数据，数据压缩率最高，使用简单，维护成本低，扩展性好，加密性好，且可以实现跨平台跨语言存储。虽然 PBF 仍然存在通用性和自解释性较差等问题，但总体来讲 Protocol Buffer 比 XML、GeoJSON 更小，更快，使用和维护更加简单。因此选取 PBF 作为矢量切片的格式。

　　图 5.20 展示了使用 PBF 作为矢量切片格式的可视化效果。

图 5.20[*]　PBF 格式切片可视化效果

第6章 面向智慧城市的时空信息云平台实例

在全球网络化、一体化的信息时代背景下，智慧城市的提出不仅体现了对数据的关注，更凸显了对应用价值的重视，以及顺应新型城市的建设、管理和发展需求。而如何将数据收起来、管起来、用起来一直是智慧城市建设过程中的重点和难点。随着大数据、云计算、物联网等技术浪潮的涌动，这一时下的流行名词逐渐变成一项重要的实践举措。值得注意的是，大部分来自于物理世界、人类社会和信息网络的数据都带有时空特征，因此地理信息在其中扮演着举足轻重的角色，为追踪城市时空演变、洞悉城市布局、刻画城市功能、直击城市痛点、把握城市动态、辅助城市决策提供重要的服务支撑。

时空信息云平台因智慧城市而建，是科学管理地理时空大数据、提升应用价值的解决方案，也是数字时代下地理信息科学和技术发展的典型落地体现。平台汇集了数据存储、计算、挖掘、可视技术，实现了信息统一管理和智能服务，本章将以平台架构及分层实现为主，并辅以分析案例，对平台进行介绍。

6.1　平　台　设　计

为满足多源数据的集成管理和高效计算、多维信息的深度挖掘和直观展现，时空信息云平台围绕时空大数据的管理和应用需求设计，采用混合存储架构、依托并行计算环境，搭建分析模型框架，支持数据和分析成果的可视化展现，形成数据、应用一体化的服务平台。

时空信息云平台设计架构如图 6.1 所示，从下往上依次分为基础设施层、数据资源层、存储层、计算层、分析层和服务应用层。

基础设施层分为软硬件设施：硬件设施主要包括计算设备(IBM 小型机、PC 服务器、工作站等)、存储设备(SAN、NAS 盘阵、FC 盘阵、磁带库等)、网络设备、安全设备和其他保障设备(机架、UPS 电源等)；软件设施包括操作系统、虚拟化软件、文件管理系统、数据库管理系统和集群管理系统等，共同为平台的搭建和稳定运行提供物理环境支持。

数据资源层所包含的地理时空大数据具有来源广泛、数量庞大、类型多样、增长迅速、价值丰富、社会依赖等特点，主要分为两大类：对地观测大数据和社交媒体大数据，二者分别是自然要素和人文要素的数字化反映，也是时空信息云平台的管理和应用服务的基础。其中，对地观测大数据包括地形地貌、遥感影像、

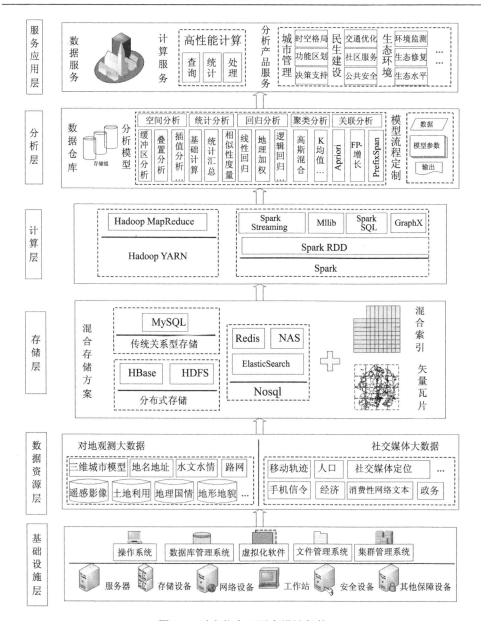

图 6.1　时空信息云平台设计架构

土地利用、地理国情、地名地址、地下管线、三维城市模型、环境监测、水文水情、路网、建筑和其他专题数据等；社交媒体大数据包括移动轨迹、街景、公交线路、海运、航空、人口、学区学校、经济、政务、推特、手机信令、社交媒体定位、消费性网络文本、铁路班次和余票、银行网点、工商企业、公安卡口或其他 POI 等数据。

存储层提供数据资源的栖身之所，数据库选型并非单一模式，而是根据数据特点和存储需求有针对性地选择，包括传统的关系型数据存储环境、文件存储和分布式数据存储环境，有针对性地服务于多源数据的集成化管理。

计算层搭建多种计算框架，结合数据存储策略，提供计算资源，提升计算能力，支持海量时空大数据的高性能大规模计算。

分析层提供基础统计分析、聚类分析、回归分析、关联分析等模块的多种算法和模型，以及流程定制框架，满足不同场景下的挖掘需求，可结合计算层实现并行环境下的挖掘分析，提高工具的运行效率。

服务应用层包括数据服务、计算服务和分析产品服务以及丰富的可视化表现形式，可与不同业务系统对接，实现数据及加工产品的对外共享和价值体现。

6.2　存储层构建

合理的存储结构、机制和策略不仅能够有效利用存储空间，也能为后续的计算和分析提供便利。因此存储层的架构直接影响到数据的管理、维护和查询、计算性能。时空信息云平台从数据本身和应用需求出发，采用混合存储方案，选取合适的物理存储方式和矢量存储模型，并构建混合多级空间索引和矢量瓦片，实现可扩展、易管理，且能服务于高性能计算和快速可视化的地理时空大数据存储。

6.2.1　混合存储方案

在实际的平台建设过程中，涉及的数据类型有关系型结构，如 csv 格式、shapefile 格式、Geodatabase 格式和 dwg 格式等；也有非关系型结构，如 jpg 格式、tiff 格式等，这些都反映了时空大数据的多源异构性。为了提高数据利用率，防止由于数据格式不兼容带来的一系列问题，首先需要对数据进行格式整合和分类，按照需求以不同的方式进行存储管理。通过一系列数据整合、集成和组织方法，可以支持对系统中各类数据及其目录的自动扫描，实现多源异构时空大数据的规范性检查、整合入库、高效集成、组织和存储。

平台根据时空大数据多源异构的特点选用合适的空间数据库模型组合使用。针对数量较为稳定的数据或更新较为频繁的数据的元数据，选用 MySQL 传统关系型数据库进行存储。对于实时查询频率要求高的数据也可选用 ElasticSearch 进行存储。针对在平台使用过程中被高频访问的数据(也称热数据)或一系列复杂过程得到的数据需进行缓存，在此情况下通常选用 Redis 数据库进行存储。针对海量、实时、多元异构的数据，综合考量 NAS 或 HDFS 和 HBase 分布式存储方式，多种存储方式互为补充，形成混合时空大数据存储方案(图 6.2)，采用"数据物理分布存储、资源逻辑集中"的管理模式，可以很好地解决海量数据的可扩展性存储与高效处理问题。

　　时空信息云平台根据数据的组织特点和使用场景，按照表 6.1 所示的数据存储对应方案进行存储。

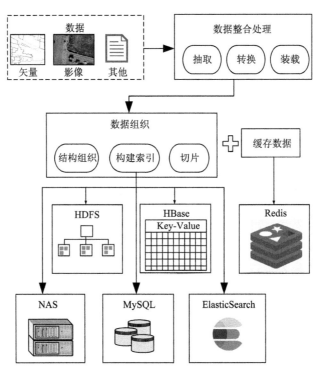

图 6.2　数据混合存储

表 6.1　数据存储对应方案

数据库	数据种类
HDFS	遥感影像、土地利用、地表覆盖、街景、地形地貌、地下管线、海运、航空、铁路、建筑、消费性社交网络文本数据、属性索引数据、矢量索引数据、其他专题数据等
HBase	地理国情、移动轨迹、环境监测、水文水情、社交媒体用户概况、手机信令、POI 数据等
MySQL	地名地址、人口、学区学校、经济、政务、银行网点、工商企业、公安卡口、社交媒体用户跟帖、路网、公交线路、铁路班次和余票、多种元数据等
NAS	地形地貌、三维城市模型等
ElasticSearch	推特、影像元数据等
Redis	用户的作业执行列表、文件列表、数据集信息、系统数值报表等

　　在时空信息云平台的存储层，为保障系统的正常运行，分布式数据库存储数据时会采取冗余备份策略，将每个文件存储成一系列数据块，并在存储时根据预先的设定值进行冗余备份，即在多个节点上重复存储数据，当某个节点被判断

为死机时，服务节点可通过还原元数据信息来安排新的数据节点代替它工作，进而保证整个云存储数据的安全。

针对分布式计算需求，将矢量数据、栅格数据、文档数据等中的一部分以列存储的形式存储于 HBase 中，或以层级归类的形式组织于 HDFS 中，或辅以元数据表的规范说明。为充分发挥 Hadoop 的文本处理能力，在分布式环境下，通常将几何对象或空间参考使用 WKT 格式进行描述和存储。在 HBase 表中，行数据都是按照 Row Key 顺序存储的，因此所有的检索也都是基于 Row Key 的。例如，在地理国情业务领域，根据实际需求，基于行政区、分类系统的查询方式最为常用，因此采用 RegionCode+CC+FID 编码的方式组成 HBase 中基础地理信息数据的行键。这样做的目的是把最经常同时获取的数据归纳到同一个 ColumnFamily，以减少数据访问时磁盘 IO 的次数。

元数据负责描述地理时空大数据的信息，如文件的名字、属性、保存地址和访问授权等信息。在访问存储系统的数据前，首先查找和获得元数据，因此元数据管理机制将直接关系到海量存储系统的 IO 性能。元数据一般使用传统关系型数据库（MySQL）进行存储，同时引入 DBMS 技术以及数据分级的方法，将元数据分为活跃元数据和非活跃元数据：设计分区索引算法，提高查询活跃元数据的性能，改进基于哈希函数的索引方法；设计非活跃元数据的索引算法，减少管理非活跃元数据所需的时间和空间开销。平台基于以上管理策略来提高元数据的管理效率。

除元数据外，数据量较为稳定的数据，如人口、经济等数据也使用关系型数据库 MySQL 进行存储。地形地貌、三维城市模型等数据采用 NAS 进行存储。查询较为频繁、查询性能需求高的数据，如推特数据和部分元数据，采用 ElasticSearch 进行存储，以便数据的快速检索。为提高数据的访问性能，对于平台使用中访问频率高、计算过程复杂的数据使用 Redis 进行存储。缓存持久化策略可防止数据丢失，其分布式实现也能保障数据处理的高性能。

6.2.2　构建索引

1. ElasticSearch 全文索引

云平台采用全文检索框架 ElasticSearch 对矢量元数据库、栅格元数据库、文档元数据库、服务元数据库等各属性字段构建全文索引并存储，全文索引采用的中文分词器为 IK Analysis。在全文索引基础上，云平台的持久层框架整合 ElasticSearch 服务于后续的计算，如快速检索功能。

2. 空间索引

为了提高空间查询的效率，需要对入库的空间数据构建空间索引。时空信息云平台中采用多级空间索引策略进行数据组织，以支持数据的快速属性查询、关键字查询、自定义多边形查询、点选查询、快速汇总统计等的实现。

矢量数据在抽取进入分布式文件系统后按照多级格网或行政区划组织，即为数据构建一级空间索引。另外，在图层内部，云平台基于 HDFS 构建要素(图斑)级的分布式 R*树空间索引，即二级空间索引。属性数据在抽取进入云平台并行计算域 HBase 分布式数据库后，针对常用的查询字段，构建 HBase 二级索引，索引仍以 HFile 形式存储于 HDFS。

为突破传统空间索引以空间换时间的低效串行方式，云平台利用 MapReduce 编程模型并行构建矢量数据空间索引，有效缩短索引建立的时间。如图 6.3 所示，MapReduce 算法分为 Map 阶段和 Reduce 阶段。Map 阶段读取一条空间要素记录，计算要素所在的所有网格索引 ID，并以索引 ID 为 Key、以空间要素的 ID 为 Value 写入本地 HDFS；Reduce 阶段把从不同 Mapper 计算的索引 Key-Value 数据整合并进行排序，然后调用 Reduce 函数对输入的<索引 ID,List(Fea_ID)>进行合并处理，把得到的<索引 ID，Fea_IDS>写入相应比例尺、相应图层的 HBase 索引表中。相比传统串行计算方式，MapReduce 将空间索引计算扩展到多个计算节点上进行处理，有效减少内存占用量，并提高计算效率，缩短计算时间。

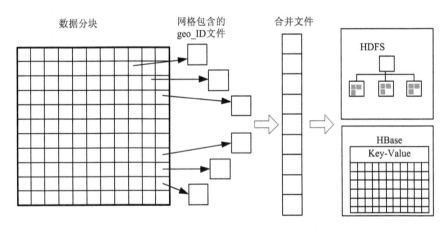

图 6.3　基于 MapReduce 的空间索引建立

6.2.3　构建多尺度矢量瓦片

为同时满足用户的动态交互需求和前端数据加载性能的要求，矢量瓦片作为对栅格瓦片的扩展，其直接存储矢量要素的空间与属性信息，为这一问题提供了解决方法。多尺度矢量瓦片的生成需基于多层次细节的瓦片金字塔构建，且随着构建层级的增加，所需构建的瓦片数量呈指数增长。考虑到构建效率，云平台基于分布式集群环境进行矢量瓦片并行化构建。

首先对数据构建空间索引，该索引方法为基于改进的网格索引和 STR R 树的混合索引。对数据构建网格索引，根据网格单元的存储量设定经验阈值，以此判断是否对网格单元构建 STR R 树二级索引，在保证存储容量不过于冗余的前提下，同时保证查询效率。

根据瓦片存储空间和构建耗时对比，选用 PBF（protocolbuffer binary format）格式组织矢量瓦片，并顾及拓扑保持对矢量数据进行化简。对于需要保持要素间拓扑关系的化简场景，采用量化的方式实现空间数据的化简；对于不需要保持要素间拓扑关系的场景，采用基于全局空间索引树改进的 Douglas-Peucker 算法进行化简，避免化简过程中产生要素自相交。根据业务场景选取矢量要素以适应现行计算机分辨率下不同比例尺的图像所包含的要素的限制，例如，对公路这一类要素，可根据面积周长比、四至约束和公路级别进行选择，基于四至扩展进行瓦片剪裁。

构建好的矢量瓦片存储于 HDFS 和 HBase 中，以供云平台的使用和快速加载。

6.3　计算层构建

计算层主要基于分布式架构衍生，采用多节点并行计算的方式，分担单机串行计算方式的压力，实现快速高效的数据处理。

1. 基于 MapReduce 编程模型并行处理数据

MapReduce 并行计算框架的理论知识在第 3 章有所介绍，本节以基于 MapReduce 编程模型的矢量数据计算实例说明时空信息云平台中如何实现高性能计算。

基于在 HDFS 上以 WKT 格式存储的矢量数据，使用 MapReduce 编程模型，可以方便地使用 Hadoop 默认支持的 FileInputFormat、FileInputSplit、FileRecordReader 读取 WKT 文本格式的矢量数据，而不需要针对原始矢量数据编写特定的 InputFormat 和 RecordReader。图斑的矢量数据及其属性数据在 HDFS 体现为逐行存储的文本，属性字段以指定的分隔符分隔；矢量信息以 WKT 格式和属性数据以同样的分隔符分隔（图 6.4）。

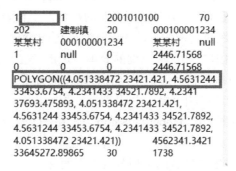

图 6.4　WKT 格式存储示意图

基于以上 HDFS 矢量数据存储模型，利用 ArcGIS10.2 提供的开源矢量处理工具包，编写支持复杂空间查询、空间分析、空间统计等功能的 MapReduce 算法。具体 MapReduce 空间分析分布式计算执行步骤如图 6.5 所示。

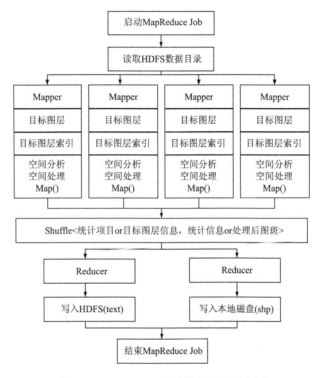

图 6.5　MapReduce 矢量数据处理示意图

（1）启动 MapReduce Job。

（2）根据待处理数据的磁盘空间大小，以指定的输入分片（默认 Hadoop 块大小为 128M）磁盘空间大小确定 Map 阶段的 Task（Mapper）数目。

（3）每个 Mapper 逐行读入 HDFS 上存储的数据，一行表示一个图斑。

（4）将每行中表示图斑空间信息的 WKT 数据转化为 Geometry 对象，针对计算任务的需求，在目标图层（如区域查询的简单多边形、空间统计的县级行政区划、缓冲区分析的缓冲区）执行相对应的空间分析或空间处理。具体功能包括空间包含、叠置、相切、相离等拓扑关系，以及剪裁、擦除、合并、相交、识别等空间处理方法。其中目标图层在 Mapper 的 Setup 方法中初始化到 Mapper 的内存中，并构建索引。

（5）Mapper 的输出根据任务的类型分为以下两种。

空间统计分析：输出的 key 为统计字段，如按地类进行统计，则 key 值为地类名称。输出的 value 为统计项，如统计面积总和，value 值为图斑面积；统计图斑个数，value 值为 1。

空间处理：输出的 key 为图层名称，如按行政区划剪裁图斑，key 值为行政区划代码。输出的 value 为处理后的图斑，如 Intersect、Union 后的图斑。

(6)Combiner 阶段，对相同 key 值的 map 输出做本地合并，减少进入 shuffle 阶段的数据量。

Reduce 阶段根据事先设置的 reducer 数目确定 reduce task(Reducer)的个数。每个 Reducer 交由特定的节点进行处理。Reducer 完成 map 阶段输出键的合并，针对不同的计算任务，对 value list 采取不同的 Reduce 策略。

(7)Reducer 的输出根据任务的类型分为以下两种。

空间统计分析：对 value list 采取累加的策略，最终输出的 value 即为统计结果。最终 reduce 的<key,value>写入 HDFS 指定的输出目录。

空间处理：遍历 value list，逐图斑以指定的输出格式(shp、mdb 等)直接写到集群的共享存储器中。

(8)结束计算任务。

以上处理流程由 Hadoop Yarn 控制资源的分配与 Mapper、Reducer 任务的调度。计算程序异常由 Yarn 日志系统捕获，通过 Flume 等相关技术做综合监控和分析。

2. 基于 Spark 分布式内存计算框架的高性能并行计算

相比 Hadoop MapReduce，Spark 可实现高性能迭代计算、多类型的数据集操作，为复杂空间操作提供了可能。以矢量数据为例，面向地理国情领域的矢量数据处理通常是流程化的，复杂度较高，只能实现单次空间处理，如需对处理结果进行后续的分析处理，要再次构建 MapReduce Job，从而产生了不必要的磁盘和网络消耗。另外，针对多个海量数据层间的交互分析(如亿级面与亿级面图层的叠加分析)，Hadoop MapReduce 由于缺乏高效的 Join 操作，无法高效地完成此类计算任务。

Spark 解决了上述难题，在进行海量空间数据的计算作业时，利用 SparkRDD 模型将待处理的数据从 HDFS 中批量加载入内存，实现高效的分析操作(图 6.6)。

Spark 矢量大数据分布式内存计算主要过程如下。

(1)将 HDFS 存储的 WKT 格式的空间数据+属性数据读入内存存储的 SparkRDD 模型。同样将目标图层读入 RDD，基于此 RDD 构建目标图层空间索引，索引也以 RDD 格式存储。

(2)利用 RDD 的 "union" transform，将多个矩形格网读入的 RDD 合并为一。

(3)对合并后的 RDD 进行 "flatMap" transform，每个 map 中遍历图斑，进行 WKT 空间对象转换，执行与目标图层索引的查询，与索引结果进行相应的空间

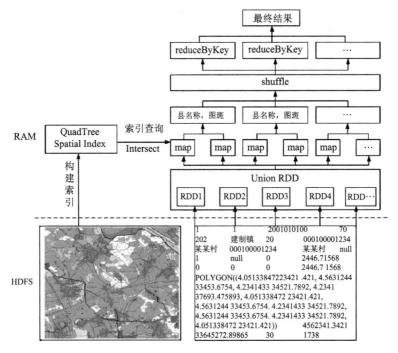

图 6.6　Spark 矢量数据处理(以县级行政区划剪裁为例)

处理操作，如 Union、Intersect、Clip、Erase 等。将操作结果以<目标图层图斑名称，空间处理结果>的形式形成转换后新的 RDD。

(4)对(3)中形成的 RDD 进行"reduceByKey"action，该步骤将 Map 阶段的 RDD 持久化到高速磁盘进行 shuffle，随后执行 reduce action，将对应结果保存为新的 RDD。

(5)按计算任务需求对(4)中的 RDD 进行后续的 RDD transform、action 处理，或执行 collect action 进行直接输出，输出数据以指定的格式(shapefile、mdb、fgdb 等)写入共享存储器。

以上基于 Spark 内存计算框架实现的矢量数据并行计算模型，运行环境仍然是 Yarn 管理下的 Hadoop 集群，Spark 作为 Yarn 应用的 application master，负责 Spark 计算任务的调度和管理。Spark on Yarn 的计算框架，使基于 Spark 的并行处理算法能和 Hadoop MapReduce 算法无缝融合，针对不同的需求，使用不同的计算模型。

除了矢量数据并行计算之外，针对社交媒体(微博)中用户关系网的数据计算采用基于 Spark 的 GraphX 框架进行节点和边的构建，以及关系的分析。

6.4　分析层构建

分析层为实现对数据的高效挖掘，优化用户体验，构建了数据仓库，开发了空间分析、统计分析、聚类分析、回归分析和关联分析等多种分析工具和工作流定制模块，提供模型定制、模型学习、模型计算、模型分析和模型输出等功能。

1. 构建数据仓库

主要目的是将经过融合处理的数据存储到基于分布式存储和面向列存储的数据仓库中，以分析为目的，对数据进行组织，以快速响应分析场景的计算需求。这一环节本质是对数据的整合存储，但目标是开展服务分析。

首先针对业务部门数据进行存储表结构设计和数据分区，抽取数据中的空间维度和时间维度信息以构建时空索引，为快速的数据检索和查询优化奠定索引基础，同时也满足了海量时空数据并行化挖掘分析对查询检索的需求，并采取了预先分区、Row Key 优化、减少 ColumnFamily 数量、缓存策略和批量读取等方式进行了查询优化。数据仓库在以高效时空索引机制管理数据的同时，也为上层分析工具集和主题示范应用提供了统一的时空数据检索引擎接口。

2. 分析模型

时空信息云平台结合常用的实际场景需求，实现了包括空间分析、统计分析、回归分析、聚类分析、关联分析类别下的多种分析功能。

1) 空间分析功能

缓冲区分析：选取某一要素，根据指定距离生成缓冲区，如分析城市辐射区的范围。

空间叠置分析：对图层数据进行空间叠加，计算相交、合并或相异区域，如分析批准建设区对耕地图斑的占用情况。

插值分析：选取采样点，对没有数据点的区域根据插值算法(如克里金插值)进行推算，形成连续的表面，如根据某市空间监测站点数据获得整个区域全覆盖的 $PM_{2.5}$ 浓度。

网络分析：根据空间网络拓扑关系，对点数据、线数据进行研究，发现网络的状态、分析和模拟资源在网络上的流动和分配，如在某区域进行公共设施最佳位置选址，以获得最优的服务质量。

邻近分析：根据空间对象之间的距离方位，对分析对象周边的邻近对象进行搜寻，并计算邻近指标，以分析空间对象的分布格局，如计算犯罪地点间的邻近关系，探究犯罪行为的空间分布是否具有集聚特征。

空间聚合分析：对空间数据按照一定范围进行聚合，多用于对兴趣区域的检测。

栅格计算：对单个或多个栅格数据的属性值进行简单运算或赋值，如将栅格的连续属性值根据分类规则，对应为离散值。

2）统计分析功能

基础计算算子：按照预设规则，组合加减乘除等基本的数学运算，以得到计算结果，如对数据进行极值标准化处理。

汇总统计算子：此功能一般应用于数值汇总统计场景，按字段、时间或空间范围统计某个值，如统计某市各土地利用类型的面积。

相关性度量算子：使用皮尔逊相关系数或斯皮尔曼等级相关系数计算变量之间的相关程度。

3）回归分析功能

实现线性回归、逻辑回归和地理加权回归算子，为趋势模拟和预测分析提供算法支持，云平台中的应用场景如根据气溶胶光学厚度、温度、高程、相对湿度、风速等数据模拟和预测整个区域的 $PM_{2.5}$ 浓度。

4）聚类分析功能

实现 K 均值聚类、高斯混合聚类等算子，在云平台中应用于城市功能区的划分、城市群划分等场景。

5）关联分析功能

实现 Apriori、FP-增长和 PrefixSpan 算子，发现不同要素之间的联系，在云平台中可用于数据或规则间关联关系的挖掘，如建立地上地下空间功能分布的关联关系，分析地上功能区和地下功能区的关联程度。

3. 模型流程定制

不同用户面向地理时空大数据有不同的应用需求，基于 Hadoop MapReduce 和 Spark 并行计算框架，云平台中已提供以上 5 种分析工具。面向开放性分析应用需求，在分布式计算框架基础上，除去上述已提供的模型外，云平台还构建了自定义并行算子的流程化服务应用，实现自定义分析服务的注册、管理、应用功能，构建开放性的在线分析模式。支持用户自定义并行模型算子，并且提供模型运行、模型维护管理、模型更新注销等服务。

第7章 基于时空信息云平台的应用

本章在第6章的基础上，介绍四种基于时空信息云平台的应用，包括城市化土地利用时空演变分析、基于大数据的城市功能区划分研究、城市交通时空结构与脆弱性研究和城市计算视角下的公共交通模式挖掘。

7.1 城市化土地利用时空演变分析

7.1.1 简介

城市化(urbanization)，是指人类社会发展过程中，农业人口不断向城市聚集、城市人口比例不断攀升及由此引起的社会、经济和地域空间结构不断变迁的复杂过程。联合国第三次住房和城市可持续发展大会通过了里程碑式文件《新城市议程》，指出1996年全球城市人口比重为45.1%，2016年则已经超过50%达到54.5%。

中国作为全球最大的发展中国家，自1978年实施改革开放以来，实现了长时期、持续性的超高速经济增长和大规模的城市化。高速城市化为社会经济持续增长带来强大动力的同时，不可避免地带来自然资源耗竭、生态环境退化等诸多挑战。社会经济的快速发展、城市用地的加剧聚集和人口数量的不断攀升，致使土地空间资源被大幅度开发利用，大量耕地和其他生态用地被建设占用，直接表现为土地利用/覆盖的频繁变化。

了解城市化时空格局演变特征是理解城市化过程的基础。城市化时空格局变化主要阐述城市土地利用在数量、空间格局和形态等方面的变化。定量描述不同尺度上的城市化时空格局特征有助于更好地理解格局与过程的交互作用，是缓解城市化的消极影响、促进城市土地集约利用和制定科学有效的土地利用规划的第一步。本节将基于时空信息云平台，在高性能并行计算环境下，调用其管理的数据，使用空间分析算子，实现案例区的城市化土地利用时空演变分析(图7.1)。

7.1.2 数据与案例区

1. 案例区

浙江省位于中国东部沿海、长江经济带南翼，与上海、江苏和安徽共同构成了长江三角洲城市群。浙江省陆域面积为10.55万 km^2(图7.2)，按地形地貌划分，全省大致可分为浙东低山丘陵、浙南中山区、浙西中山丘陵、浙北平原、浙中金衢盆地和浙东滨海区六大区域。浙江省地处亚热带中部，属季风性湿润气候，气温适中，四季分明，光照充足，雨量充沛。年平均气温为15～18℃，年均日照时数达到1100～2200h，年均降水量达到1100～2000mm。受海洋影响，温、湿条件优越，是我国自然条件较优越的地区之一。

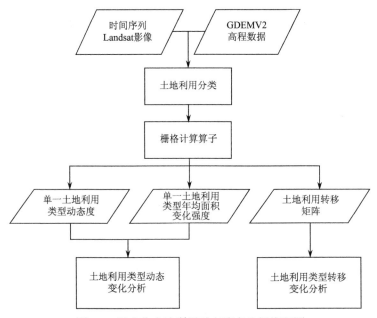

图 7.1 城市化土地利用时空演变分析流程图

图 7.2 研究区域①

---

① 地图来源于浙江省自然资源厅发布的天地图浙江省地理信息公共服务平台（"天地图•浙江"），https://zhejiang. tianditu.gov.cn/standard/view/f8270148449e4a019ee94d8507369e5c.

2. 数据

基于 Landsat TM/ETM+/OLI 数据提取出的浙江省 1994 年、2001 年、2008 年、2015 年土地利用分类数据(图 7.3)。

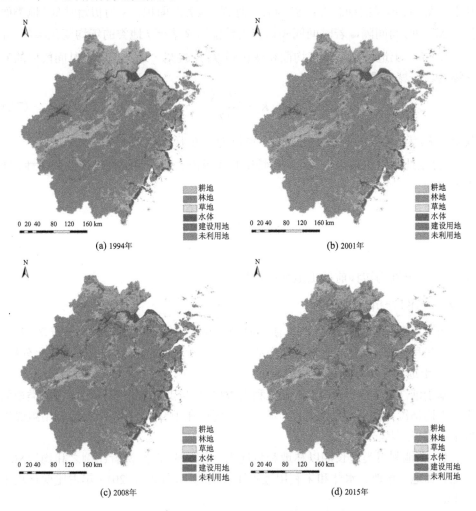

图 7.3* 浙江省不同时期土地利用分类图

7.1.3　方法

本节选取能有效刻画土地类型数量变化的单一土地利用类型动态度、变化强度指数和土地利用转移矩阵详细分析浙江省 1994~2015 年各土地利用类型的时空变化特征。具体分析方法说明如下。

(1)单一土地利用类型动态度:反映研究区域内某一地类在特定时间段内的变

化速率。计算公式为

$$R_i = \frac{S' - S}{S} \times \frac{1}{\Delta T} \times 100\% \tag{7.1}$$

其中，R_i 为 i 地类的动态度；S' 为后一时刻 i 地类的面积；S 为初始时刻 i 地类面积；ΔT 为时间间隔，若时间间隔以年为单位则 R_i 表示 i 地类的年均变化率。

(2) 单一土地利用类型年均面积变化强度：反映某一地类在特定时间段内的变化幅度。计算公式为

$$K_i = \frac{S' - S}{\Delta T} \tag{7.2}$$

其中，K_i 为 i 地类的面积变化强度，单位为平方千米/年（km^2/a）。

(3) 土地利用转移矩阵：反映在特定时间段内土地利用类型转换的规律性，通用形式为

$$S_{ij} = \begin{bmatrix} S_{11} & \cdots & S_{1n} \\ \vdots & & \vdots \\ S_{n1} & \cdots & S_{nn} \end{bmatrix}$$

其中，i, j 分别为转移前后土地利用类型。

7.1.4　实例分析

选用浙江省土地利用数据，使用时空信息云平台的栅格计算算子计算 7.1.3 节中的三种指标，实现土地利用类型动态变化分析与土地利用类型转移变化分析。

1. 土地利用类型动态变化分析

基于浙江省 1994～2015 年土地利用数据，分析浙江省历年各土地利用类型面积及占比情况如图 7.4 和表 7.1 所示。研究区域在 1994～2015 年土地利用组成结构呈现出以下特征：

(1) 土地利用类型长期以林地和耕地为主要组成部分，两者比例之和均达 80% 以上。林地、草地、水体和未利用地占比较为稳定，1994～2015 年占比变化均小于 1%。

(2) 1994～2015 年，耕地总量及占比持续降低。耕地面积由 30423.33 km^2 下降至 22653.47 km^2，占比由 28.788% 下降至 21.436%。

(3) 1994～2015 年，建设用地变化显著，总量及占比逐年递增。建设用地面积从 1994 年的 4442.95 km^2 增加到 2015 年的 12872.08 km^2，面积扩大了约 1.90 倍，面积占比从 4.204% 扩大至 12.180%。

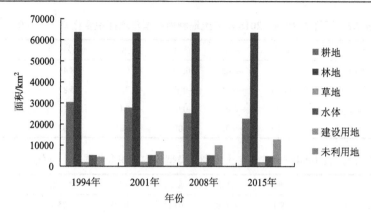

图 7.4　浙江省历年各土地利用类型面积

表 7.1　浙江省 1994～2015 年各土地利用类型面积及占比情况

土地类型	度量单位	1994 年	2001 年	2008 年	2015 年
耕地	平方千米/km²	**30423.33**	27839.02	25126.55	**22653.47**
	百分比/%	**28.788**	26.343	23.776	**21.436**
林地	平方千米/km²	63564.31	63451.81	63406.52	63329.41
	百分比/%	60.148	60.042	59.999	59.926
草地	平方千米/km²	1947.32	2018.35	1994.15	1985.93
	百分比/%	1.843	1.910	1.887	1.879
水体	平方千米/km²	5271.85	5266.34	5150.01	4811.58
	百分比/%	4.989	4.983	4.873	4.553
建设用地	平方千米/km²	**4442.95**	7070.84	9974.55	**12872.08**
	百分比/%	**4.204**	6.691	9.439	**12.180**
未利用地	平方千米/km²	29.60	33.02	27.59	26.90
	百分比/%	0.028	0.031	0.026	0.026

　　综合运用土地利用动态变化分析指标，表 7.2 和表 7.3 分别给出了浙江省 1994～2015 年不同时间段内，各土地利用类型的年均面积变化率和年均面积变化强度。从建设用地年均变化率的浮动趋势来看，1994～2001 年、2001～2008 年和 2008～2015 年三个时间段内年均变化率逐步减缓，分别为 8.45%、5.87%和 4.15%，但变化幅度明显大于其他几种地类。由此可见，浙江省自 1994～2015 年期间建设用地一直处于快速扩张状态，年均变化率达到 9.03%。林地、草地和水体的年均面积变化率不显著，各阶段变化率值均小于 1%。耕地面积年均变化率维持在 1.4% 左右，且始终呈现负增长。

表 7.2　浙江省 1994～2015 年各土地利用类型年均面积变化率　　　（单位：%）

年份	耕地	林地	草地	水体	建设用地	未利用地
1994～2001 年	−1.21	−0.03	0.52	−0.01	8.45	1.65
2001～2008 年	−1.39	−0.01	−0.17	−0.32	5.87	−2.35
2008～2015 年	−1.41	−0.02	−0.06	−0.94	4.15	−0.36
1994～2015 年	−1.22	−0.02	0.09	−0.42	**9.03**	−0.43

表 7.3　浙江省 1994～2015 年各土地利用类型年均面积变化强度　　　（单位：km²/a）

年份	耕地	林地	草地	水体	建设用地	未利用地
1994～2001 年	−369.19	−16.07	10.15	−0.79	375.41	0.49
2001～2008 年	−387.50	−6.47	−3.46	−16.62	414.82	−0.78
2008～2015 年	−353.30	−11.02	−1.17	−48.35	413.93	−0.10
1994～2015 年	**−369.99**	−11.19	1.84	−21.92	**401.39**	−0.13

从耕地、林地、草地、水体、建设用地和未利用地六大地类面积变化强度中可以看出，建设用地持续增长。1994～2001 年，建设用地扩张强度达到 375.41 km²/a，在 2001～2008 年和 2008～2015 年两个阶段扩张强度略有增加，分别达到 414.82 km²/a 和 413.93km²/a。同样可以看出相对于建设用地与耕地，林地、草地、水体和未利用地的年均变化强度较小，林地年均面积变化强度在 1994～2001 年、2001～2008 年和 2008～2015 年三个阶段分别为−16.07 km²/a、−6.47 km²/a 和−11.02 km²/a，草地分别为 10.15 km²/a、−3.46 km²/a 和−1.17 km²/a，水体分别为−0.79 km²/a、−16.62 km²/a 和−48.35 km²/a，未利用地的变化强度绝对值均小于 1 km²/a。耕地年均面积变化强度绝对值呈现先增加后减少的趋势，总体呈现负增长，对应三个阶段的变化强度值分别为−369.19 km²/a、−387.50 km²/a 和−353.30 km²/a，1994～2015 年 21 年间年均减少 369.99 km²。

2. 土地利用类型转移变化分析

通过浙江省 1994～2015 年的土地利用类型转移矩阵可以看出研究区域在 21 年间各地类的流向变化，如表 7.4～表 7.7 所示。从建设用地转移情况分析，随着城市化进程的不断推进，社会经济快速发展的需求日益迫切，在 1994～2015 年整个研究期内，建设用地扩张显著，在本研究的分类系统中流入建设用地面积最多的地类为耕地（占耕地转出量的 89.29%）；其次分别有 377.89 km² 的林地、53.40 km² 的草地、359.31 km² 的水体和 0.83 km² 的未利用地转为建设用地。在研究期内建设用地主要流出为耕地，共计 38.36 km²。此外，6.72 km² 的建设用地转为水体，6.69 km² 转为林业用地，说明在该时间段内存在一定的土地复垦和水利设施建设等举措。从水体角度分析，1994～2015 年期间水体变化以转为耕地（637.72 km²）为主要特征，占水体转出总量的 60.68%，这和浙江省沿海地区水体围垦存在较大关系。从林地角度分析，21 年间林地总量变化不明显，转出部分主要是被开发为建设用地和复垦为耕地。未利用地总量占比小变化不明显。

表 7.4　浙江省 1994～2001 年土地利用类型转移矩阵　　（单位：km²）

项目	耕地	林地	草地	水体	建设用地	未利用地
耕地	27448.87	73.30	21.66	313.96	**2562.17**	3.37
林地	94.19	63173.53	233.88	16.93	42.00	3.78
草地	13.88	162.02	1760.66	0.68	10.07	0.00
水体	260.78	34.95	0.96	4933.91	**41.16**	0.10
建设用地	21.26	4.69	0.59	0.85	4415.43	0.13
未利用地	0.03	3.32	0.60	0.00	0.01	25.63

表 7.5　浙江省 2001～2008 年土地利用类型转移矩阵　　（单位：km²）

项目	耕地	林地	草地	水体	建设用地	未利用地
耕地	24434.58	312.29	7.80	346.87	**2737.36**	0.11
林地	268.19	62992.91	52.87	40.94	96.54	0.36
草地	6.16	63.26	1929.31	0.56	18.67	0.40
水体	337.54	30.10	2.58	4757.56	**138.56**	0.00
建设用地	79.03	5.68	0.59	3.92	6981.62	0.00
未利用地	1.05	2.28	1.01	0.16	1.81	26.72

表 7.6　浙江省 2008～2015 年土地利用类型转移矩阵　　（单位：km²）

项目	耕地	林地	草地	水体	建设用地	未利用地
耕地	22004.23	27.88	4.50	329.54	**2760.41**	0.00
林地	35.35	63267.85	27.97	24.34	50.68	0.33
草地	9.47	8.11	1952.02	0.39	24.17	0.00
水体	537.72	17.87	0.85	4445.06	**148.50**	0.00
建设用地	66.68	7.66	0.60	12.24	9887.38	0.00
未利用地	0.04	0.06	0.00	0.00	0.93	26.56

表 7.7　浙江省 1994～2015 年土地利用类型转移矩阵　　（单位：km²）

项目	耕地	林地	草地	水体	建设用地	未利用地
耕地	21810.62	358.34	28.70	534.75	**7690.19**	0.72
林地	144.39	62709.48	282.75	47.39	377.89	2.41
草地	22.27	200.93	1668.52	1.80	53.40	0.40
水体	**637.72**	49.78	4.13	4220.91	**359.31**	0.00
建设用地	38.36	6.69	0.68	6.72	4390.45	0.06
未利用地	0.11	4.19	1.15	0.00	0.83	23.31

针对浙江省不同阶段建设用地来源，进一步分析建设用地变化的时空差异特征。研究期内，建设用地主要来源均为耕地的大面积流入，1994～2001 年、2001～2008 年和 2008～2015 年分别有 2562.17 km²、2737.36 km² 和 2760.41 km² 的耕地被建设占用。在研究期末期，水体转为建设用地的面积总量大幅增加，1994～2001 年仅为 41.16 km²，2008～2015 年为 148.50 km²，这部分类型转化主要集中在沿海地区(图 7.3)。因为国家实施了严格的耕地保护政策、基本农田保护政策以保证耕地保有量，所以在土地资源日益紧缺的情况下，大量的水体被开发为建设用地。而平原内陆地区由于受地形限制，建设用地占用来源仍以耕地为主。

7.2　基于大数据的城市功能区划分研究

7.2.1　简介

城市在人类对土地的占有与利用下产生，改革开放后，我国城市化脚步加快，城镇化率从 1979 年的 17.9%增长至 2017 年的 58.5%，城市在人类社会经济活动中的重要性逐步提升。

城市功能区域划分是城市研究的主要内容之一。在城市的发展中，随着人类不同活动的聚集而在内部衍生出具有不同功能的区域，它们可能由于政府特定的规划形成，也可能受到道路网络结构或周边城市(Harris and Ullman，1945)的影响。

在大数据时代，通过自发地理信息搜集的地理信息，以地理坐标与其所属类别构成的兴趣点数据(point of interest, POI)、人口流动数据(出租车轨迹、公交车刷卡记录、蜂窝网络签到、社交网络签到)和卫星遥感影像等数据使城市功能区域研究成为热点。

7.2.2　数据

图 7.5* 实例区域 Landsat-8 影像
(4,3,2 波段真彩色合成)

本节将介绍一种融合了多源遥感数据与 POI 数据的城市功能区划分方法，并将其应用于中国浙江省杭州市。

1. 遥感数据

1) Landsat-8

Landsat-8 卫星搭载陆地成像仪与热红外传感器。陆地成像仪数据包含 9 个波段，通过组合不同波段可完成对地表的森林、农田、不透水层等不同土地覆盖类型的分类。本研究使用可见光波段(4,3,2 波段)提取土地覆盖信息，影像示例如图 7.5 所示。

2) 珞珈一号

2018 年 6 月成功发射的珞珈一号搭载高灵敏度夜光相机，可以以 130m 空间分辨率获取夜间灯光，填补了先前高分辨率夜间灯光数据的空白。本实例使用珞珈一号提供的公开数据评估人类活动强度，影像示例如图 7.6 所示。

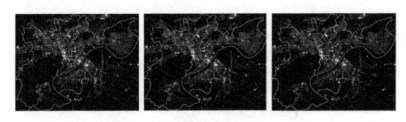

图 7.6　研究区域夜间灯光影像

2. POI 数据

通过 OpenStreetMap、高德地图等自发地理信息应用，大量用户可以自愿地贡献基于个人认知的地理信息，实现大量 POI 数据的获取。本实例使用的 POI 数据来自高德开放平台，一条 POI 数据由一个地理坐标(GCJ-02 坐标系)与其代表地物的名称、类别和地址组成，用于区域功能识别。本实例区域内的 POI 类型与数量分布如表 7.8 所示。

表 7.8　各大类 POI 数量(原始分类)

POI 类别	数量	POI 类别	数量
购物服务	126487	金融保险服务	17724
地名地址信息	57967	住宿服务	15384
交通设施服务	50525	汽车服务	12538
餐饮服务	47373	公共设施	10600
生活服务	46288	风景名胜	9155
政府机构及社会团体	36582	室内设施	7098
公司企业	31728	汽车维修	4912
商务住宅	30772	汽车销售	2078
科教文化服务	28929	道路附属设施	1354
通行设施	27912	摩托车服务	648
体育休闲服务	27126	事件活动	64
医疗保健服务	26935		

3. 道路网络数据

将划分城市为不同区域时，可基于规则网格、基于道路网络、基于蜂窝基站等构建的 Voronoi 图等方法。本研究采用道路网络划分方法，数据来自 OpenStreetMap，包含 WGS84 坐标系下的道路矢量图形、道路名称与道路类别——高速公路、主要道路、二级道路、三级道路、支线道路等。研究区域内道路网络如图 7.7 所示。

图 7.7*　研究区域内道路网络

7.2.3　方法

1. 指标构建

多源数据丰富了实例区域内的信息量，但不同的数据格式与时空分布，需要对这些数据进行进一步的处理。例如，POI 数据与遥感数据在空间上呈现不均匀分布，而夜间灯光数据与土地覆盖数据虽在空间上均匀分布，却具有不同的空间分辨率。本实例中通过构建恰当的指标体系以融合三个数据源。

先对整体区域计算 POI 平均类型密度（mean category density, MCD）与 POI 平均类型比例（mean category ratio, MCR）。对每一区域 i，使用数理统计算子构建如下五个指标以表征区域：

（1）POI 密度（density, D）用于表明 POI 数据在该区域内的富集程度。

（2）POI 类型密度偏移（category density offset, CDO）用于表明该类 POI 在该区域内的密度与该类 POI 在所有区域内密度的偏移程度。

（3）POI 类型比例偏移（category ratio offset, CRO）用于表明该类 POI 在该区域内所占比例与该类 POI 在所有区域内所占比例的偏移程度。

(4)夜间灯光等级比例(nighttime light level ratio, NLLR)用于表示第 i 个区域内第 j 类夜间灯光的类型在该区域内所占比例。

(5)土地覆盖类型比例(landcover category ratio, LCR)用于表示第 i 个区域内第 j 类土地覆盖类型在该区域内所占比例。

2. 融合指标

良好的区域指标可以凸显区域特征。通过组合区域的不同指标,构成融合模型特征向量,表征该区域。

在功能区域识别时主要关注各个区域之间指标的相似性,CDO、CRO 表示了各个 POI 类别在某一区域的指标内与所有区域平均指标的偏移程度,对其做归一化变换,以凸显该区域内各个 POI 类别之间的指标差异。

因为土地覆盖数据与夜间灯光数据是辅助数据,所以赋予 0.5 的权重,其余数据权重为 1,由此得到融合模型中各区域的特征向量 V_i 为

$$V_i = (D_i, \text{CDO}_i, \text{CRO}_i, 0.5 \times \text{NLLR}_i, 0.5 \times \text{LCR}_i)(i = 1, 2, \cdots, \text{NR}) \tag{7.3}$$

其中,D_i 为第 i 个区域中的 POI 密度;CDO_i 为第 i 个区域内的 POI 类型密度偏移;CRO_i 为第 i 个区域内的 POI 类型比例偏移;NLLR_i 为第 i 个区域内的夜间灯光比例等级;LCR_i 为第 i 个区域内的土地覆盖类型比例。同时,为探究遥感数据作为辅助数据对 POI 数据在城市功能区域划分中的提升作用,构建仅使用 POI 数据、使用 POI 与夜间灯光数据、使用 POI 与土地利用数据的 3 个基线。

3. K-Means 聚类算法

K-Means 聚类算法具体介绍见第 4 章。

7.2.4　分析与结果

图 7.8 展示了融合模型与 3 个基线模型所划分的城市功能区域,图中不同的颜色表示不同的功能,同一功能在不同模型中可能以不同的颜色展示。

Baseline1 模型在四种方法中表现最差。如图 7.8(a)所示,其中 A 区域包含白龙潭景区、午潮汕、马头山景区等,B 区域为西湖风景区外延,由大量山地构成,C 区域包含西山国家森林风景区,它们均应该与 D 区域划分到一起。此外,F 区域为湖滨商业区,E 区域为钱江新城,二者作为城市的双中心却没有被划分到一起。这说明仅通过 POI 数据划分城市区域功能还存在不足。

Baseline2 模型加入了夜间灯光数据。如图 7.8(b)所示,其部分弥补了 Baseline1 模型在景区与城市中心区划分上的不足,但仍存在部分缺陷:A 区域内包含浙江大学,应该与 B 区域(浙江工业大学)同属于高等教育区域而划分到一起;C、D、E 区域内风景名胜较少,却不正确地与西湖风景区划分到一起。

Baseline3 模型[图 7.8(c)]利用土地覆盖数据,正确划分了风景区域,但仍存在较多划分差错:与 Baseline2 模型类似,A 区域应该与 B 区域划分为一类;C

区域和 E 区域被识别为与城市核心区域 F 区域为一类；D 区域内已不包含高校，却与其相邻的 G 区域划分到一类。

　　融合模型[图 7.8(d)]则较好地解决了 3 个基线模型出现的问题，通过融合 3 个数据源，成功地将 A 区域(浙江大学)与 B 区域(浙江工业大学)划分为一类，并将 Baseline3 模型划分错误的 C 区域与 D 区域分离开来，同时正确地划分了景区，并识别出钱江新城与湖滨两个城市主中心。

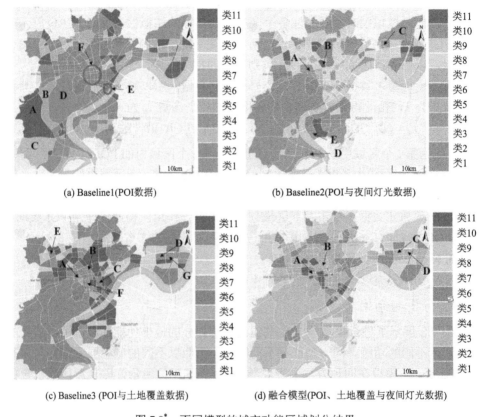

(a) Baseline1(POI数据)　　　　　　　　(b) Baseline2(POI与夜间灯光数据)

(c) Baseline3 (POI与土地覆盖数据)　　　(d) 融合模型(POI、土地覆盖与夜间灯光数据)

图 7.8*　不同模型的城市功能区域划分结果

　　对比基线模型与融合模型，可以发现，本节所用遥感数据作为辅助数据对 POI 数据在城市功能区域划分的作用如下：

　　(1)土地覆盖数据可补充 POI 数据缺失的面积信息。通过土地覆盖数据可以在一定程度上弥补 POI 数据以点的形式存储、缺失所代表的物体面积信息的缺点；在对森林公园等自然景区划分时，可以自然地将城市与景区分离开来，具有积极作用。同时，夜间灯光数据也具有类似的作用，但存在将部分灯光较弱的城市边缘区域与风景区域混合的副作用。

（2）夜间灯光数据可以补充人类活动强度信息。通过对比 Baseline3 模型与融合模型可以发现，夜间灯光数据是人类的夜间活动的记录，反映了各个区域的活动强度，在识别城市主中心方面具有积极作用。

（3）夜间灯光数据与土地覆盖数据融合可进一步提升识别准确度。如图 7.8（b）和图 7.8（c）所示，在 Baseline2 模型与 Baseline3 模型中 A 区域（浙江大学）均被划到城市核心区域范围，可能是由于 A 区域靠近杭州核心区域；POI 密度较大、种类较多，仅依靠夜间灯光或土地覆盖作为单一辅助数据，提升效果不明显，在引入夜间灯光与土地覆盖融合的辅助数据后，可利用土地覆盖数据发掘 A 区域学校中景观布置所引起的土地覆盖变化以及分别出学校内夜间灯光与商业区夜间灯光的不同，从而将其与周围商业区分开。夜间灯光数据与土地覆盖数据同时作为辅助数据可以提升对含有学校、政府区域等内部具有一定景观、夜间灯光强度不大的区域的识别准确度。

（4）通过进一步标识各个类，最终得出的实例区域功能区划分结果如图 7.9 所示。

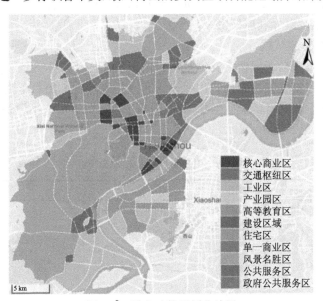

图 7.9*　城市功能区划分结果

7.3　城市交通时空结构与脆弱性研究

7.3.1　简介

随着城市化进程加快，人口大量涌入城市，为满足城市出行需要，城市路网体系日趋复杂，在市民日常出行、货物流通运输等方面扮演着重要的角色。一旦有突发事件，会扰乱城市路网的正常功能，影响社会经济运行，造成大量损失。

脆弱性(vulnerability)的概念最早用以研究地下水和生态系统的抗干扰能力，之后脆弱性的概念开始扩展到社会科学及其他交叉学科领域，如对道路网络系统进行脆弱性评价等。而对于路网的脆弱性定义还存在分歧，其在不同研究中的定义并不一致，表述也存在差别。

但大多数学者都认可路网脆弱性体现在路段失效前后路网服务能力的变化情况，路网脆弱性与其网络拓扑性质决定的结构脆弱性与运行实际情况的状态脆弱性有密切的关系。同时，为评估失效前后路网的变化情况，需要研究突发事件对交通流量的具体影响。

7.3.2　数据

本节将介绍一种基于分布式计算的城市道路网络脆弱性评价方法，并将其应用于江苏省无锡市。

1. 道路网络数据

本实例中使用开放街道地图(OpenStreetMap)的路网数据。所有数据均转为WGS84坐标系，世界椭球投影。

2. 出租车轨迹数据

轨迹数据以来自于无锡市交通局提供的出租车轨迹数据为例。该日为工作日，回顾气象资料得知天气为阴雨，出租车上客率极高，因此出租车数据能较好地反映工作通勤情况。出租车运动坐标每 5s 记录一次，熄火状态不记录运动轨迹。原始数据库字段如表 7.9 所示。

表 7.9　出租车轨迹数据字段说明

字段	字段说明	数据类型	长度	示例	备注
CarNumber	车牌号	Char	20	苏 B0T0022D88909B0AD22	经过加密
PlateColor	车牌颜色	Int	1	1	
Longitude	经度	Float	8	120.396733	
Latitude	纬度	Float	8	31.542083	
Speed	速度	Float	8	57	
Altitude	海拔	Float	8	0	
Direction	方向	Int	4	135	正北为 0 度，顺时针旋转
Stowage	载客状态	Int	4	1	载客为 1，空车为 0
RecordTime	记录上传时间	DateTime	8	2018/5/31 7:00:10	
CreateTime	记录产生时间	DateTime	8	2018/5/31 6:59:55	
Address	地址	Char	20	无锡 65B0533A7B2C4E005C97	经过加密

7.3.3　方法

1. 综合拓扑性质与交通流量的脆弱性评估模型

道路网络脆弱性可分为路网结构脆弱性(道路网络拓扑结构)和状态脆弱性(道路交通需求状态)两方面。前者主要分析道路网络的结构特性,后者通常使用道路网络的交通流量分布状态进行研究,这两方面共同决定了道路网络脆弱性,评估过程见图 7.10。

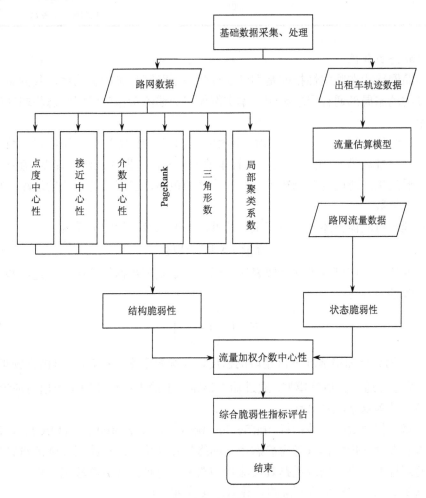

图 7.10　综合脆弱性评估过程

1) 结构脆弱性

本实例采用层次分析法分析路网的结构脆弱性,其指标体系如表 7.10 所示。

表 7.10　评估指标体系的层次结构表

目标层	准则层	因素层
路网结构脆弱性 M	中心性 Z_1	点度中心性 C_1
		接近中心性 C_2
		介数中心性 C_3
		PageRank C_4
	连通性 Z_2	三角形数 C_5
		局部聚类系数 C_6

2) 状态脆弱性

道路网络状态脆弱性指的是网络运行状态下路网状态的脆弱性，其分布受不同区域的动态局部通行需求影响。本实例使用交通流量作为路网状态脆弱性的主要因素。

交通流量指的是"一定时间内某路段所经过的车辆数"。为利用出租车数据进行路段流量推算研究，笔者建立了以行车速度为分段依据的三段式速度-流量模型推导交通流量。速度为车辆在单位时间通过的距离，密度是特定长度道路上瞬间存在的车辆数。

物理学对液体描述公式中流量、速度、密度三者之间的关系为

$$流量 = 密度 \times 速度 \tag{7.4}$$

交通流量同样可以进行类似表达。通过大量观测数据统计研究，速度和密度之间呈线性关系[①]：

$$V = V_f \left(1 - \frac{d}{d_j} \right) \tag{7.5}$$

其中，d_j 为完全拥堵情况下该路段的密度，简称阻塞密度；V_f 为自由行驶车速。因此，结合交通流量估算模型，通过输入该路段上的平均车速即可求出对应流量。

3) 流量加权介数中心性

流量加权介数中心性指标(traffic flow betweenness centrality，TFBC)，旨在克服结构脆弱性评价指标只考虑静态道路网络拓扑结构，忽视路网实际流量影响的状态脆弱性的缺点，结合道路真实流量与路网本身特点计算路段重要性。

流量加权介数中心性 C_{TB} 的计算公式定义如下：

---

① Greenshields B D, Channing W, Miller H. 1935.A study of traffic capacity: Highway research board proceedings. National Research Council (USA), Highway Research Board.

$$C_{\text{TB}}(v_i) = \frac{f_i}{f} \cdot C_B(v_i) \qquad (7.6)$$

其中，$C_B(v_i)$ 为结构脆弱性指数，由层次分析法得到；f 为路网中的总流量，f_i 表示 v_i 段的流量，二者的比值表示该路段在整个路网中的通行需求，即路网的状态脆弱性。流量加权介数中心性的差异反映了路网各结点在失效时对路网结构和交通流量的影响程度，可以很好表达脆弱性情况。

2. 分布式城市道路网络抽象模型

随着城市化进程加快，路网结构的空间特征更加复杂。单台计算机有限的计算能力限制了综合脆弱性分析的效率，尤其是拓扑计算耗时过长，这就需要利用分布式计算来提高脆弱性分析的计算效率。

(1) 道路网络的空间抽象。本实例通过将道路结点抽象为地理坐标系上的经纬度 (x, y) 保留道路网路的空间坐标信息。路段的坐标信息通过路口结点的经纬度推导得出，不再单独保存。考虑到城市路网的立体性，因此对高架桥和隧道进行了单独抽象考察。

(2) 道路网络的属性抽象。路段长度、道路等级、建成时间、是否单行等是道路网络的属性要素。在拓扑分析时，方向性和加权性是直接影响图的基础属性。

(3) 分布式道路网络模型。对路网抽象图进行合理的划分，是分布式模型中的关键问题。图的切分问题又叫作图分区，图并行计算的性能要依赖于图的分区方式。在分区中，目标有两个：一是要最小化不同计算结点之间的通信；二是要权衡图计算与存储的开销。

对图的分割可分为点分割和边分割，如图 7.11 所示。

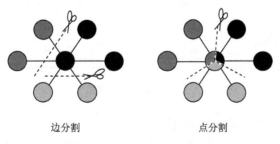

边分割   点分割

图 7.11 图的两种分割方法

因为本实例的道路网络抽象模型 (图 7.12) 中路口冗余存储的代价远小于路段，所以选择点分割的方式可以明显节省存储的成本。本实例的分布式模型还需要维护一个关系表，该表记录路口在集群中的结点位置信息，实现在所需连接时标识需要将哪些路口提取到整个集群中参与计算。

考虑到路网分析需要多次访问存储模型，将路网存储模型设计为弹性分布式集合类(resilient distributed datasets，RDDs)。路网 RDDs 可以通过缓存策略将路段数据缓存在分布式内存中，从而降低磁盘读写消耗。具体在计算机中的存储模型可以用如图 7.13 所示的统一建模语言(unified modeling language，UML)表示。

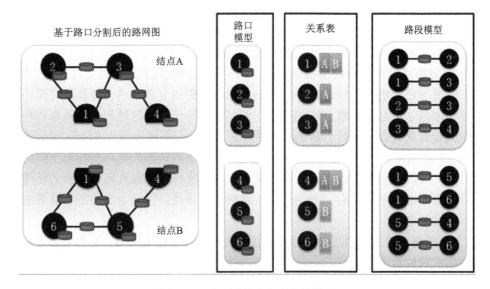

图 7.12　路网图的分布式存储模型

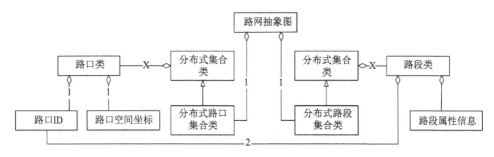

图 7.13　分布式路网抽象模型 UML 图

3. 分布式城市道路网络拓扑分析

在路网的分析过程中，很多计算过程是从某个路口出发，路网的分析往往有几万个路口参与，分布式计算可以将它们分为几万个任务在大量计算单元上同时进行，以缩短计算时长。

基于整体同步并行计算范式，本小节将讨论路网分析过程的一般分布式实现细节。在路网的分布式分析中，需要定义总体任务(即计算何种路网拓扑特性)，超步(即路网拓扑计算过程如何分解)以及消息(即每一步道路网络拓扑计算的结果在分布式的集群中如何通信)。

在分布式环境下分析道路网络时，将基于顶点切分的分析算法的执行过程抽象成汇聚、应用、传输更新三个阶段。如图 7.14 所示：需要完成对 1 号十字路口的计算(以求相邻路段数目为例)，假设 1 号路口被划分到两个结点，路段关系以及邻接路口分布在两台处理器上，各台机器上并行进行求和运算，然后通过计算(蓝色)路口类和存储(橘红色)路口类的通信完成最终的计算。

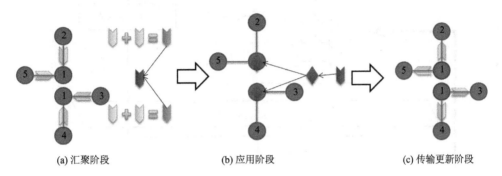

(a) 汇聚阶段　　　　　　　　　　(b) 应用阶段　　　　　　　　　　(c) 传输更新阶段

图 7.14　路网分布式计算通信过程

(1)汇聚阶段，目标路口相连的路段从连接路口和自身收集数据。通过扫描存储记录的起点和终点 ID，获取在本计算节点和集群中其他结点上的相邻路段信息。

(2)应用阶段，存储模型将汇聚阶段计算的结果发送给计算结点，利用计算结点上的合并消息函数进行汇总，由更新函数结合上一步的消息与路口信息，进行下一步的计算，然后更新计算结点的路口数据，并同步给存储结点。

(3)传输更新阶段，路口更新完成之后，更新路段上的存储数据，并通知对其有依赖的邻接路口更新状态。因为合并消息和更新函数是以单条边为操作粒度，所以对于多个路段交叉的路口，可以分别由相应的结点独立调用合并消息和更新函数，从而避免消息庞大导致的计算假死或者崩溃问题。总结路网分布式并行计算框架，其流程可以归纳如下：

如图 7.15 所示，在路网的分布式计算中采用迭代的计算模型：在每一轮，每个路口处理上一轮收到的消息，并发出消息给其他抽象路口对象，并更新自身状态和拓扑结构等。这里需要指出的是因为本实例所述模型实际只存储了路段对象，所以这里更新的是保存在路段对象中的属性。更新完成后，循环执行分析。分析过程是否完成取决于所有的路口是否已经标识其自身已经达到稳定(Inactive)状态。

利用路网的分布式计算框架，可以实现分布式 PageRank 计算、点度的分布式计算方法、三角形数分布式计算方法、分布式聚类系数计算、分布式最短路径算法、接近中心性分布式计算、介数中心性分布式计算等常见的路网分析功能，提高分析效率。下面以分布式最短路径算法为例，做简单的介绍。

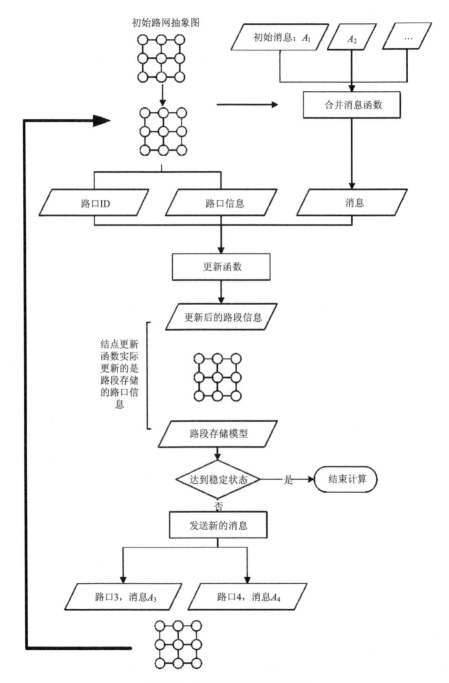

图 7.15　分布式路网分析流程图

在路网图中最短路径计算常使用 Dijkstra 算法。现有的图处理系统分布式算法一般只计算结点之间跳跃的点数作为最短距离，无法计算设定有边权重的最短路径。针对分布式环境下的有向路网图，为计算两点之间的最短路径并记录路径信息，实现了如下算法：

算法：分布式路网最短路径算法(基于 Dijkstra)

输入：路网抽象图

过程：

1：利用更新函数，初始化起始路口距离为 0，到其他路网结点的距离为无穷大，并初始化最短路径信息表。

2：设置当前路口为起始结点。

3：在当前结点的所有相邻路口上，当前结点的距离加上从当前结点连向其他路口的路段长度之和(传递消息函数)，这二者中取小的值设置为当前结点的距离值(更新函数，reduce 过程)，同时记录经过的路口信息。

4：标记当前结点为已访问。

5：设置有最短路径值的路口为当前结点，并设为未访问结点。如果已经访问过所有结点，则停止本次迭代；否则，进行第 6 步。

6：跳转到第 3 步。

输出：结点之间的最短距离值与此最短路径所经过的结点信息

如以上分布式最短路径算法所示，利用并行计算框架结合 Dijkstra 算法可以在分布式环境下计算路口间的最短距离。其中很多计算过程都综合实现了传递消息函数，合并消息函数和更新函数，第 3、4、5 步都是一个超步过程。此算法实现了 Dijkstra 算法的全过程，计算过程中遍历了所有的路口，能在分布式环境下得到准确的最短路径信息。

7.3.4　分析与结果

1. 脆弱性结点统计结果

分别计算无锡市路网结点的结构脆弱性与综合脆弱性(加权流量介数中心性)，其结果见图 7.16。

可以看出只有少部分结点脆弱性较高。结构脆弱性排名前 175 的结点就可以代表脆弱性的 21.021%，综合脆弱性排名前 175 的结点就可以代表脆弱性的 36%。

2. 脆弱性节点空间分布

选取指标排名前 175 个点为脆弱性结点，其余为非脆弱结点。脆弱性结点中再按照自然间断点分级法将结点的脆弱性程度分为轻微脆弱结点、明显脆弱结点、强烈脆弱结点和极端脆弱结点四类，如图 7.17 所示。

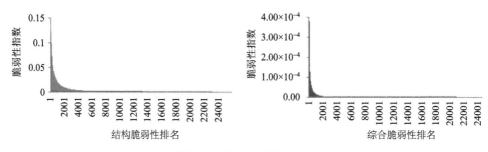

图 7.16　结点脆弱性统计图

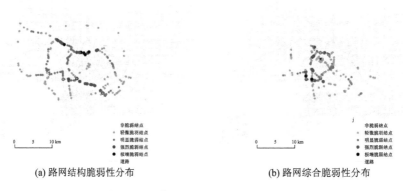

(a) 路网结构脆弱性分布　　　　　　　　(b) 路网综合脆弱性分布

图 7.17*　脆弱性节点空间分布图

对比两种计算方法的结果可以发现，基于结构脆弱性得分较高的路段包括：快速内环南与运河东西路、太湖大道运河段、景渎立交、望江立交桥(沪蓉高速无锡出口)、洛新高架桥(沪宜高速无锡西收费站)、环太湖公路(姚湾立交)、环镇北路和天一高架桥。

基于加权流量介数中心性综合脆弱性评价指标,脆弱性得分较高的路段包括：快速内环南与运河东西路、无锡火车站、三阳广场板块、快速内环西凤翔路入口、景渎立交、无锡东互通、快速内环高架和快速内环南。

两种方法的结果差异主要体现在市中心以及主城区周边区域。

市中心区域：综合脆弱性指标计算方法识别出了兴昌路无锡火车站段这一极端脆弱结点。同时市内主要交通干道和太湖广场等繁华商业区，人民医院周边也被识别为脆弱结点。而结构脆弱性计算方法在市中心没有识别出这些脆弱路段，忽略了道路失效影响的出行流量，不能在现实世界中精准表达脆弱性的意义。

主城区周边：综合脆弱性评价方法对主城区周边的路段脆弱性得分普遍偏低，而结构脆弱性评价方法得出的道路脆弱性很高。这些道路上通行的人很少，即使受到破坏也只能影响到少部分人，综合脆弱性指标对其描述更为准确。

7.4　城市计算视角下的公共交通模式挖掘

7.4.1　简介

公共自行车作为城市慢行系统的重要组成部分和城市居民短距离出行的主要方式，对于缓解中国城市交通拥堵问题和增进城市居民通勤效率有重要作用。近十年来，以杭州为代表的中国城市加快了公共自行车系统的建设步伐。然而，城市公共自行车供需失衡和系统闲置问题，削弱了公共自行车系统的使用率和市民的满意率，主要问题有以下几点：

(1) 交通堵塞问题日益严重，城市公共交通体系多样性建设需求加剧。

(2) 城市公共自行车建设快速扩增，缺乏科学合理的规划方法。

(3) 智慧交通建设累积了大量出行数据，对城市公共自行车出行的理论和方法研究提出更高要求。

基于此，本研究围绕"城市公共自行车出行需求"这一主题，分析中国城市（以杭州市为代表）居民与欧美国家城市居民公共自行车出行的异同之处，探究中国特色的城市居民公共自行车出行的时空模式。

7.4.2　数据

本实例主要使用了公共自行车公开数据、出租车轨迹数据和路网数据。

1. 公共自行车公开数据

(1) 站点容量数据。站点容量数据（station data）以租赁站点为对象，返回站点实时的自行车存量信息。

(2) 骑行数据。骑行数据（trip data）是以用户的一次出行行为为单位的记录，一般包括借车时间、还车时间、借还时长、借车站点、还车站点、车辆识别号，以及用户的信息，如用户类别、性别、出生日期等。

(3) 日骑行数据。日骑行数据（daily ridership data）是公共自行车系统管理方对外公布的每日使用总量统计信息，一般经过了数据清洗，如剔除骑行时间小于 1 分钟或骑行距离超过 14.9 英里（1 英里≈1.61km）的借还信息，且排除了部分因人工管理而产生的借还信息，如取走有问题的车辆或从调度站加入新的车辆。

2. 出租车轨迹数据

杭州交通运输局作为主要责任方负责发布和公开出租车 GPS 点位信息、公交线路信息、客运站信息、客运票价信息、客运售票点信息和交通轨道信息。

3. OpenStreetMap

选取线数据中的主要、次要、三级道路，抽取得到杭州市主要道路网络。在此基础上，构建分析的最小空间单元——交通分析小区（traffic analysis zone, TAZ）。

7.4.3　方法

本节将介绍一种城市计算视角下的公共自行车出行结构分析方法，并将其应用于浙江省杭州市。主要介绍两种方法：①基于空间邻近关系的供给结构和需求特征分析；②基于稀疏表示与出行偏好约束的骑行结构性流量预测。

1. 基于空间邻近关系的供给结构和需求特征分析

1）分布特征分析

最邻近分析常被用于计算城市自行车系统的平均车站间距，本实例使用邻近分析算子计算车站间的平均距离。具体流程是，先对每个租赁站点找出相距最近的站点，再对该距离计算平均值。

然而，中国的城市公共自行车系统常在道路对侧或错开布置站点，导致得到的值将偏小。因此，本研究设计次近邻分析策略，具体过程叙述如下。

(1) 对各站点，依次使用空间连接操作，查找步行距离范围内(1 km)的所有相邻站点。

(2) 判断相邻站点个数：若仅有一个，采用该距离作为站点的间隔距离输出值；若大于一个，剔除最近邻的站点，取剩余至多 5 个站点计算与目标站点的距离均值，作为目标站点的间隔距离。

(3) 统计各站点的次邻近站点距离值，得到整体的站点间隔情况。

2）布局模式分析

对于公共自行车空间布局的衡量，本实例从两个方面考察：首先，计算服务覆盖度，了解基本覆盖情况。其次，进一步确定各站点的分布属于聚集、随机还是离散类型。

(1) 服务覆盖度。使用缓冲区分析算子对每个站点进行缓冲区操作，缓冲区距离设置为与各区的平均站点间距。缓冲区连接形成的区域称为公共自行车系统的服务区，服务区面积与行政区面积的比值就是服务的覆盖度。

(2) Z 分数。Z 分数(Z-Score)，也称为标准分数，在空间格局分析中被用来作为空间随机分布的统计检验标准。为了与已有研究保持一致的统计口径，本节采用最近邻分析的值计算 Z 分数。

3）基于空间邻近关系的需求冲突定义与识别

满载率(load factor，又称为 normalized available bicycle, NAB)是各租赁站点分时可借车辆数除以自行车容量，在基于站点容量数据的分析研究中是用于刻画各租赁站点借还规律的最基本统计指标。满载率越大，停车桩的可用车辆越多，反之则说明在道路上被使用的公共自行车越多。本实例调用空间聚合分析算子计算各站点的满载率。

(1) 最大满载率。最大满载率是指一个站点日常使用中最大的满载率，该时刻该站点的自行车数量最多。可据此定义最大共线使用量(maximum daily concurrent use, UDmax)，用一天内最大满载率减去最低满载率的值来表示。计算最大共线使用量需要排除天气的干扰，在系统正常使用时间段内进行计算。由于该值和借还总量间存在相关关系，在借还数据缺失的情况下，它可以被用来表征使用频率。

(2)需求冲突兴趣区构建。需求冲突是指租赁站点现有的公共自行车无法满足市民的出行需求，具体分为两种情况：第一种，满载率接近 0，代表此时站点中可借车辆数几乎为零，无法满足借车需求；第二种，满载率接近 1，代表此时站点中车辆数足够，但停车桩数几乎为零，无法满足还车需求。

周边站点同时出现相同类型的需求冲突(借车难或还车难)所形成的空间范围定义为需求冲突事件的兴趣区(area of interest, AOI)。这是因为对于城市居民来说，在目标站点及可忍受一定范围内的替代站点同时无法满足借车或者还车的需求，才会对出行形成阻碍。

识别和提取需求冲突兴趣区的具体过程如图 7.18 所示。

(1)计算站点状态。计算各站点各时间点的满载率。

(2)问题站点筛选。筛选出特征时刻的需求冲突站点。

(3)空间过滤。对(2)筛选出的每个问题站点，以最大步行距离为半径，查找其空间近邻中是否存在可替代的非问题站点：若存在，则该站点为伪需求冲突站点，从冲突站点列表中剔除；若不存在，则该站点为真需求冲突站点，留在问题站点列表中，等待聚合。

(4)兴趣区生成。对(3)过滤后，对仍留在问题站点列表中的站点进行空间聚合，生成冲突兴趣区。兴趣区生成遵循一定的规则：区域间的距离需大于步行距离，否则将合并为一个更大的兴趣区。

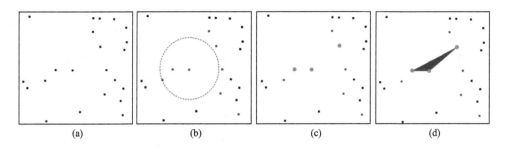

图 7.18　识别和提取需求冲突兴趣区工作流程示意图

2. 基于稀疏表示与出行偏好约束的骑行结构性流量预测

本案例通过对站点容量变化的分析建立站点间流量的转化关系，并采用机器学习中的稀疏表示理论求解。然后由站点容量采样数据得到公共自行车系统的结构性流量，帮助揭示城市短距离交互行为的时空演化复杂性。

1)问题设定

用户每使用一次公共自行车就会产生一组起讫点(OD，Origin-destination)数据，每个公共自行车站点都可作为起点或终点，而用于记录每个站点对之间的自行车流通量的矩阵则被称为 OD 矩阵。

本实例将 Δt 时间段内自行车站点 i 的自行车存量变化记作 $x_{i,t}$。对所有自行车站点计算，可求得从 t 到 $t+\Delta t$ 时间段内整个公共自行车系统的观测出行量。同时，对于整个系统的骑行 OD 矩阵 $T_{\Delta t}$，在不考虑车辆调度引发的容量变化情况下，应该满足：

$$x_{i,t} = \sum_{D=i} T_{\Delta t} - \sum_{O=i} T_{\Delta t} \tag{7.7}$$

观测出行量可细分为流入量 $x_{i,t}^+$ 和流出量 $x_{i,t}^-$，理论上，当 Δt 越小，观测出行量越接近真实的流入流出量；相反，当 Δt 较大时，观测出行量会低于真实流入流出量。引入一个大小为 $2n \times n^2$ 的索引矩阵 A(标记站点间是否有交互)，其中 n 代表自行车站点的数量，形成如下关系：

$$x = A \circ y \tag{7.8}$$

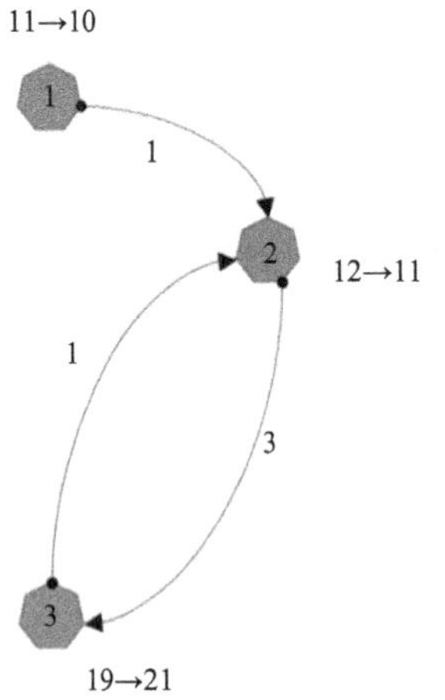

其中，x 为由所有站点的流入量序列和流出量序列拼接构成的列向量，长度为 $2n$；y 为由 OD 矩阵降维操作得到的长度为 n^2 的列向量。

下面通过举例进一步说明数学模型的基本结构。如图 7.19 所示的一个 $n=3$ 的公共自行车系统，在 t 时刻站点 1，2，3 观测到的存量分别为：11、12 和 19；$t+\Delta t$ 时刻观测到的存量分别为：10、11、21；实际发生的骑行流量分别是 1 次从站点 1 到 2 的骑行，3 次从站点 2 到 3 的骑行以及 1 次反向的从站点 3 到 2 的骑行。由于在 Δt 的时间段内，站点 2 到 3 间存在相反方向的骑行行为，因此，观测出行量 $\hat{x}=[0,0,2,1,1,0]$，其中前三个元素分别代表站点 1，2，3 的流入量，后三个元素代表站点 1，2，3 的流出量。实际出行量为 $x=[0,2,3,1,3,1]$，二者产生了偏差。同理，OD 矩阵经过降维后 $y=[0, 1, 0, 0, 0, 3, 0, 1, 0]$。

图 7.19　t 时刻和 $t+\Delta t$ 时刻的实时容量和骑行流量

出行量 x、OD 矩阵降维后对应的 y 及 A 矩阵三者间的换算关系见图 7.20，索引矩阵 A 的引入使得流量和站点存量间可以互相转换。

据此，该模型存在两个可能的误差来源：

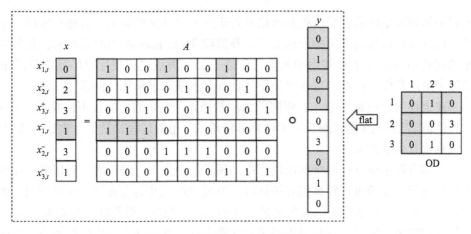

图 7.20 问题设定对应的数学模型

(1)在使用观测存量接口返回的容量信息计算得到的观测出行量和真实出行量间的差异。

(2)站点数量变多时,同一个观测出行量会对应多个 OD 矩阵。例如,图 7.21 中,相同站点容量变化的流量转移有两种潜在方式。对于误差,通过出行距离偏好来对不同的流量出行方式做概率比较,选取最大的出行概率作为最终推测结果。

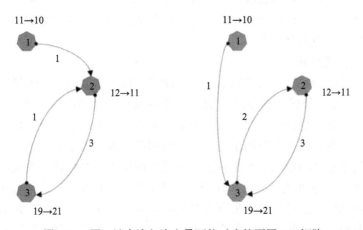

图 7.21 同一站点流入流出量可能对应的不同 OD 矩阵

根据已有的公共自行车短距离出行的时空特征,本实例通过增加稀疏性限定和公共自行车出行偏好约束,求解特定站点存量变化所对应的骑行流量。

2)稀疏性限定

稀疏性限定的来源是图像处理中对图像进行压缩和重建的稀疏理论,它的基本思想是对可压缩的或在某个变换域是稀疏的图像信号,可以采用一个与变换基不相关的观测矩阵将变换所得高维信号投影到一个低维空间上，再通过求解一个优化问题即可以高概率重构出原信号。基追踪(basis pursuit, BP)是在解决信号重建的优化问题方法中最常用的两类方法之一，该方法提出使用 l1 范数替代 l0 范数来解决最优化问题，以便可使用线性规划方法来求解优化问题。

在上述问题设定当中，A 矩阵即为测量矩阵，它是固定的且不依赖于 x 和 y 的具体值。从观测 x 值求解出行 OD 矩阵降维的 y 值的过程就是信号重建的过程。

3) 出行偏好约束

公共自行车出行在城市居民出行中，属于短距离出行的范畴。有研究对纽约的公共自行车系统进行距离偏好统计时，发现 90% 的出行都在 2 km 范围内，因此，建立了一个与站点间欧氏距离呈正比的加权正则项，用于增加约束项。 对邻近程度的度量是地理信息科学中的关键问题之一，在不同空间坐标体系下的空间距离度量能够从不同的角度描述空间邻近关系，且具有不同的使用范围。在对城市交通问题的研究中，更适宜的方式是通过地理拓扑空间的距离度量邻近关系。

7.4.4　分析与结果

1. 分布特征分析

《城市步行和自行车交通系统规划设计导则》要求布点间隔为 200～500m。根据频率分布统计，间隔值在[200, 500]的自行车车站数量占 62.8%，大于 500m 的站点有 21.0%。该结果说明大部分的自行车站点间隔符合规划设计要求，但仍存在一定量的站点需要优化。

2. 布局模式分析

服务覆盖度(表 7.11)较高的前三位依次是下城区、上城区、滨江区，后三位分别是萧山区、余杭区和西湖区。 萧山区和余杭区距离市中心较远，且所辖区域范围广，城市公共自行车的建设仍处于起步阶段。而西湖区则由于南部为山地，自行车站点分布集中在北边的平地上，导致服务覆盖度偏小。

服务覆盖较低的萧山区和余杭区，随着后面城市公共自行车系统的发展和站点的增设 Z 值得分可能会有较大改变，而其余的八个行政区，若无较大的系统再布局和站点调整，Z 值会维持在当前得分。除滨江区外，各区的 Z 得分和苏州、常熟等得分相近，均小于−10，符合亚洲公共自行车系统相比其他地区具有更低的 Z 得分的特征。

Z 得分和服务覆盖度有较弱的正相关关系(R^2=0.0204)：当服务覆盖度较好时，Z 得分接近 0，站点布局更接近于随机布局；反之，Z 得分减小，站点具有集聚的倾向。

表 7.11 服务覆盖度

地区	平均站点间距/m	服务面积/km²	行政区面积/km²	服务覆盖度/%	Z 得分
滨江区	400	45.55	72.30	63.00	−5.19
西湖区	364	78.98	309.80	25.49	−21.47
拱墅区	320	41.19	69.28	59.46	−19.35
江干区	365	104.47	200.46	52.12	−20.63
上城区	254	19.11	26.04	73.36	−15.70
下城区	272	27.35	29.33	93.27	−12.08
余杭区	490	175.89	1229.80	14.30	−23.36
萧山区	557	43.28	1415.28	3.06	−6.13

3. 基于满载率的需求波动时空规律

本实例采用以 1h 为采样间隔,从 2017 年 11 月 11 日~2017 年 11 月 20 日共 10 天的满载率数据分析需求波动的时空规律。从图 7.22 可以看出,系统整体满载率的波动呈现周期性现象。

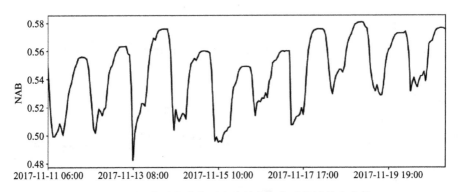

图 7.22 研究时段内杭州市公共自行车系统满载率变化

杭州市满载率最高值在 0.569,略高于世界其他公共自行车系统平均水平。一般而言,高满载率的自行车系统能提供更多的可借用车辆,但也存在过饱和风险,即造成自行车停车桩停满车而无法还车。杭州市最大共线使用量为 0.107,远小于世界其他公共自行车系统平均水平。

4. 需求冲突兴趣区的分布及时空特征分析

根据需求冲突的定义,首先将满载率低于 0.2(对应需求冲突类型 A,即借车需求冲突)和高于 0.8(对应需求冲突类型 B,即还车需求冲突)的车站筛选出来并统计总量。可以观察到:两种需求冲突在时间上存在一定程度的互斥现象,即当出现借车需求冲突时,还车较容易;当还车难时,借车较容易。

从表7.12中可发现，需求冲突区域的冲突类型和城市功能有极为密切的关联，借车难的区域常常为大片住宅区或商住混合区，还车难的区域基本上是公司聚集的工业区。结合图 7.23 和表 7.12，非工作日凌晨的还车难区域除 B_6 外，均为工业区，且周末该时段的问题站点数量高于周内，说明周末晚间的满载率过高不单单是车辆调度造成，更可能的原因是这些区域的公司吸引附近的车辆聚集；同时 B_6（浙大附属第二医院至滨兴小区）区域在周末晚间一直处于还车难状态，表明该区域内公共自行车起到了代步作用，有大量以浙大附属第二医院和滨兴小区为终点的骑行记录。

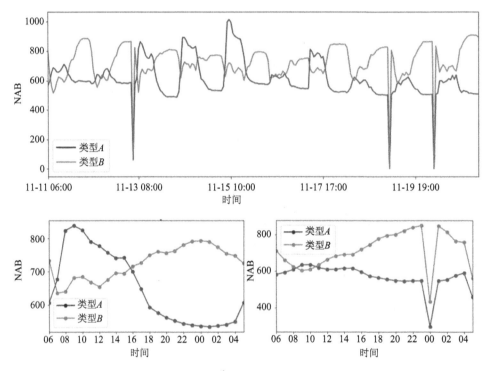

图 7.23* 需求冲突统计

表 7.12　需求冲突兴趣区结果

地点	名称	城市功能
A_1	文新街道	大片住宅区
A_2	西溪花园	大片住宅区
A_3	三墩镇古墩路两侧	大片住宅区
A_4	银鼎商贸城—长华街	商业中心、住宅、学校混合
A_5	乔司街道	学校、医院、商业中心混合
A_6	下沙路八堡家园	大片住宅区

续表

地点	名称	城市功能
A_7	余杭经济开发区外围	商业中心、住宅、学校混合
B_1	下沙经济开发区	工业区(公司)
B_2	滨江高新研发区	工业区(公司)
B_3	临江高档小区	小区
B_4	互联网产业园	工业区(公司)
B_5	中部老城	古翠路万塘路沿线办公区；文三路马塍路办公区
B_6	浙大附属第二医院至滨兴小区	滨兴医院、滨兴小区
B_7	西兴科技园	工业区(公司)
B_8	莲花商务中心	工业区(公司)
B_9	未来研创园	工业区(公司)

5. 站点出行量

1) 通勤高峰时段识别：早高峰与第一、第二次晚高峰

借车和还车变化曲线的波峰位置变动较小，峰值分别为 08:05 和 08:20(早高峰)，17:05 和 17:15(第一次晚高峰)，17:35 和 17:50(第二次晚高峰)，借还高峰存在稳定的 15 分钟相位差。

2) 出行空间结构特征：一主三副六组团

使用核密度估计从空间上对站点出行量进行规律性分析，采用高斯核函数和默认的搜素半径，对早高峰时段(08:00～09:00)、第一次晚高峰(17:00～17:30)和第二次晚高峰(17:30～18:00)进行分析，将各租赁站点的流入流出量密度分布绘制成图，如图 7.24 所示。从图中可以看出，流出/流入量密度分布的结构与杭州城市发展规划的"一主三副六组团"空间结构相吻合。

3) 潮汐现象的时空特征

各站点 Δt 时间内的净流量可以反映出该时间段内站点及周边地区的人流集聚状态。为了更清晰地认识各租赁站点在早晚高峰通勤过程中的角色，对净流量值做冷热点分析(图 7.25)。

早晚高峰的热点区域有较大差别：早高峰公共自行车集聚在市中心和办公区、工业园区，分散于集聚点附近的地铁站、居民区；第一次晚高峰则正相反，主要从市中心和临平南站分散，但没有明显聚集热点；第二次晚高峰从办公区分散，汇聚于临平城区、滨江西部(江南-浦沿居住片区)、市区北(上塘路、大关小区)、市区东北的居民区。该热点分析结果证实杭州城市公共自行车在空间上具有潮汐特征，典型区域是中部老城和滨江区。

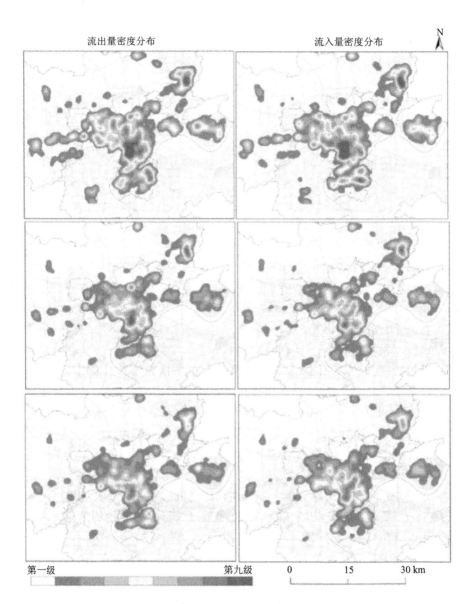

图 7.24[*]　流入量流出量密度分布图

（由上至下：早高峰、第一次晚高峰、第二次晚高峰）

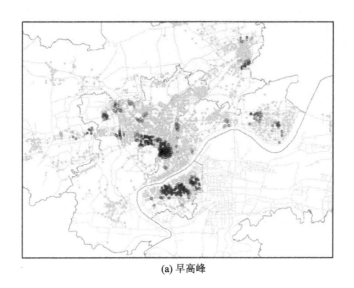

(a) 早高峰

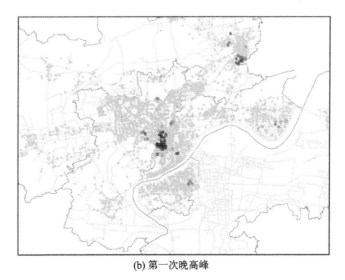

(b) 第一次晚高峰

图 7.25* 　净流量冷热点分析结果

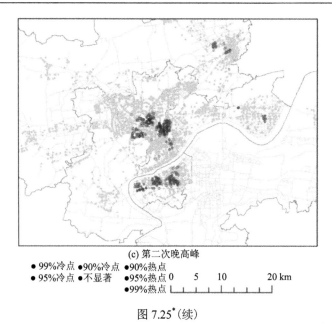

(c) 第二次晚高峰

● 99%冷点　● 90%冷点　● 90%热点
● 95%冷点　● 不显著　● 95%热点　　0　　　5　　　10　　　　　20 km
　　　　　　　　　　● 99%热点

图 7.25*(续)

主要参考文献

曹晓裴. 2020. 面向分布式存储系统 Ceph 的遥感影像瓦片存储及其关键技术. 杭州: 浙江大学硕士学位论文.

陈国良, 孙广中, 徐云, 等. 2009. 并行计算的一体化研究现状与发展趋势. 科学通报, 54(8): 1043-1049.

陈华, 陈书海, 张平, 等. 2000. K-Means 算法在遥感分类中的应用. 红外与激光工程, 29(2): 26-30.

邓敏, 刘启亮, 李光强, 等. 2011. 空间聚类分析及应用. 北京: 科学出版社.

董林. 2014. 时空关联规则挖掘研究. 武汉: 武汉大学博士学位论文.

杜佳昕. 2019. 分布式城市道路网络脆弱性评价. 杭州: 浙江大学硕士学位论文.

冯永, 吴开贵, 熊忠阳, 等. 2005. 一种有效的并行高维聚类算法. 计算机科学, 32(3): 216-218.

顾昱骅. 2018. 地理时空大数据高效聚类方法研究. 杭州: 浙江大学博士学位论文.

郭欣. 2004. 遥感图像的分类. 北京: 北京化工大学硕士学位论文.

郭云开, 曾繁. 2015. 融合增强型模糊聚类遗传算法与 ISODATA 算法的遥感影像分类. 测绘通报, (12): 23-26.

何中胜, 刘宗田, 庄燕滨. 2006. 基于数据分区的并行 DBSCAN 算法. 小型微型计算机系统, 27(1): 114-116.

金冉. 2015. 面向大规模数据的聚类算法研究及应用. 上海: 东华大学博士学位论文.

李德仁, 姚远, 邵振峰. 2014. 智慧城市中的大数据. 武汉大学学报(信息科学版), 39(6): 631-640.

李应安. 2010. 基于 MapReduce 的聚类算法的并行化研究. 广州: 中山大学硕士学位论文.

林雅萍. 2017. 基于云 GIS 的地理国情统计分析方法研究. 杭州: 浙江大学硕士学位论文.

刘昌明, 刘东生, 陈吉余. 2000. 笔谈: 地球信息科学研究的进展——祝贺陈述彭院士八十华诞. 地理学报, 55(1): 1-8.

刘荣杰. 2008. 基于凝聚层次聚类的高分辨率遥感影像分割算法研究. 青岛: 青岛大学硕士学位论文.

刘义, 景宁, 陈荦, 等. 2013. 集群上一种面向空间连接聚集的并行计算模型. 软件学报, 24(2): 99-109.

鲁伟明, 杜晨阳, 魏宝刚, 等. 2012. 基于 MapReduce 的分布式近邻传播聚类算法. 计算机研究与发展, 49(8): 1762-1772.

陆大道. 2013. 地理学关于城镇化领域的研究内容框架. 地理科学, (8): 897-901.

陆嘉恒. 2011. Hadoop 实战. 北京: 机械工业出版社.

单志广. 2015. 我国智慧城市健康发展面临的挑战. 国家治理, 18: 27-32.

唐建波, 邓敏, 刘启亮. 2013. 时空事件聚类分析方法研究. 地理信息世界, (1): 38-45.

陶志刚. 赵敬道, 谭建成. 2002. 地理空间索引技术研究. 测绘学院学报, 19(1): 73-75.

汪愿愿. 2016. 考虑不确定性的可拓时空关联规则挖掘方法研究. 杭州: 浙江大学博士学位论文.

吴森森. 2018. 地理时空神经网络加权回归理论与方法研究. 杭州: 浙江大学博士学位论文.

吴信才. 2014. 地理信息系统原理与方法. 北京: 电子工业出版社.

郜洋. 2011. 基于云计算的并行聚类算法研究. 南京: 南京邮电大学硕士学位论文.

张丽丽. 2007. 基于可拓学的不确定性推理模型及其应用. 西安: 西安电子科技大学硕士学位论文.

张敏. 2011. 云计算环境下的并行数据挖掘策略研究. 南京: 南京邮电大学硕士学位论文.

张明波, 陆锋, 申排伟, 等. 2005. R 树家族的演变和发展. 计算机学报, 28(3): 289-300.

张晓祥. 2014. 大数据时代的空间分析. 武汉大学学报(信息科学版), 39(6): 655-659.

章笑艺. 2019. 城市计算视角下的公共自行车服务供给-网络流量-借还需求时空数据挖掘与建模. 杭州: 浙江大学博士学位论文.

赵贤威. 2017. 云环境下顾及空间子域分布特征的空间大数据并行计算方法研究. 杭州: 浙江大学博士学位论文.

周成虎. 1995. 地理信息系统的透视——理论与方法. 地理学报, 50(s1): 1-12.

周成虎. 2007. 地理信息系统的新时代: 网格地理信息系统. 地理信息世界, (4): 17.

周经纬. 2016. 矢量大数据高性能计算模型及关键技术研究. 杭州: 浙江大学博士学位论文.

周烨. 2019. 城市化时空演变的多元多尺度分析及其扩张模拟预测研究——以浙江省为例. 杭州: 浙江大学博士学位论文.

朱宇. 2009. 基于 DBSCAN 的分布式数据挖掘模型的研究与实现. 长春: 吉林大学硕士学位论文.

祝琳莹. 2018. 基于 HBase 与多级格网索引的地表覆盖数据存储与检索研究. 杭州: 浙江大学硕士学位论文.

Agrawal R, Imielinski T, Swami A, et al. 1993. Mining association rules between sets of items in large databases. ACM Sigmod Record, 22(2): 207-216.

Agrawal R, Shafer J C. 1996. Parallel mining of association rules. IEEE Transactions on Knowledge & Data Engineering, 8(6): 962-969.

Aji A, Wang F, Vo H, et al. 2013. Hadoop-GIS: A high performance spatial data warehousing system over MapReduce. Proceedings of the VLDB Endowment, 6(11): 1009-1020.

Anselin L. 1995. Local indicators of spatial association—LISA. Geographical Analysis, 27(2): 93-115.

Ashley I N, Daniel J W, 2014. Big data: A revolution that will transform how we live, work, and think. American Journal of Epidemiology, 179(9): 1143-1144.

Ball G H, Hall D J. 1965. ISODATA, a novel method of data analysis and pattern classification. Palo Alto: Stanford research inst.

Birant D, Kut A. 2007. ST-DBSCAN: An algorithm for clustering spatial-temporal data. Data & Knowledge Engineering, 60(1): 208-221.

Brahim M B, Drira W, Filali F, et al. 2016. Spatial data extension for Cassandra NoSQL database. Journal of Big Data, 3(1): 1-16.

Brunsdon C, Fotheringham A S, Charlton M. 1998. Spatial nonstationarity and autoregressive models. Environment and Planning (A: Economy and Space), 30(6): 957-973.

Chang F, Dean J, Ghemawat S, et al. 2008. Bigtable: A distributed storage system for structured data. Acm Transactions on Computer Systems, 26(2): 205-218.

Cordeiro R, Traina C, Traina A, et al. 2011. Clustering very large multi-dimensional datasets with MapReduce // KDD'11: Proceedings of the 17th ACM SIGKDD International Conference on Knowledge Discovery and Data Mining. New York: Association for Computing Machinery.

Davis L. 1991. Handbook of Genetic Algorithms. New York: Van Nostrand Reinhold.

Diggle P J. 2013. Statistical Analysis of Spatial and Spatio-temporal Point Patterns. London: Taylor & Francis Group.

Du Z, Gu Y, Zhang C, et al. 2016. ParSymG: A parallel clustering approach for unsupervised classification of remotely sensed imagery. International Journal of Digital Earth, 10(5): 1-19.

Eldawy, Mokbel M F, Alharthi S, et al. 2015. SHAHED: A MapReduce-based system for querying and visualizing spatio-temporal satellite data//2015 IEEE 31st International Conference on Data Engineering. New York: IEEE.

Ene A, Im S, Moseley B. 2011. Fast clustering using MapReduce //KDD'11: Proceedings of the 17th ACM SIGKDD International Conference on Knowledge Discovery and Data Mining. New York: Association for Computing Machinery.

Fisher D. 1987. Knowledge acquisition via incremental conceptual clustering. Machine Learning, 2(2): 139-172.

Fotheringham A S, Brunsdon C, Charlton M. 2003. Geographically Weighted Regression: The Analysis of Spatially Varying Relationships. London: John Wiley & Sons.

Fotheringham A S, Crespo R, Yao J. 2015. Geographical and temporal weighted regression(GTWR). Geographical Analysis, 47(4): 431-452.

Fu X, Hu S, Wang Y. 2014. Research of parallel DBSCAN clustering algorithm based on MapReduce. International Journal of Database Theory and Application, 7(3): 41-48.

George L. 2011. HBase-The Definitive Guide: Random Access to Your Planet-Size Data. Trier: DBLP.

Getis A. 2008. A history of the concept of spatial autocorrelation: A geographer's perspective. Geographical Analysis, 40(3): 297-309.

Getis A, Ord J K. 2010. The analysis of spatial association by use of distance statistics. Perspectives on Spatial Data Analysis, 24 (3): 127-145.

Goodchild M F. 1992. Geographical information science. International Journal of Geographical Information Systems, 6 (1): 31-45.

Goodchild M F. 2004. The validity and usefulness of laws in geographic information science and geography. Annals of the Association of American Geographers, 94 (2): 300-303.

Goodchild M F. 2013. Prospects for a space-time GIS. Annals of the Association of American Geographers, 103 (5): 1072-1077.

Guttman A. 1984. R-trees: A dynamic index structure for spatial searching. ACM Sigmod Record, 14 (2): 47-57.

Han J, Kamber M. 2006. Data mining: Concepts and technique//The Morgan Kaufmann Series in Data Management Systems. Waltham: Elsevier.

Harris C D, Ullman E L. 1945.The nature of cities. The Annals of the American Academy of Political and Social Science, 242(1): 7-17.

He Y, Tan H, Luo W, et al. 2012. MR-DBSCAN: An efficient parallel density-based clustering algorithm using mapReduce // The 17th IEEE International Conference on Parallel and Distributed Systems. New York: IEEE.

Huang B, Wu B, Barry M. 2010. Geographically and temporally weighted regression for modeling spatio-temporal variation in house prices. International Journal of Geographical Information Science, 24 (3): 383-401.

Januzaj E, Kriegel H P, Pfeifle M. 2004. Scalable density-based distributed clustering//European Conference on Principles of Data Mining and Knowledge Discovery. Berlin: Springer.

Kamel I, Faloutsos C. 1992. Parallel R-trees. ACM SIGMOD Record, 21 (2): 195-204.

Kesting A, Treiber M. 2013. Traffic Flow Dynamics: Data, Models and Simulation. Heidelberg: Springer.

Kim Y, Shim K, Kim M S, et al. 2014. DBCURE-MR: An efficient density-based clustering algorithm for large data using MapReduce. Information Systems, 42: 15-35.

Kohonen T. 1988. An introduction to neural computing. Neural Networks, 1 (1): 3-16.

Koperski K, Han J. 1995. Discovery of spatial association rules in geographic information databases // International Symposium on Spatial Databases. Berlin: Springer.

Kriegel H P, Kroger P, Pryakhin A, et al. 2005. Effective and efficient distributed model-based clustering //The Fifth IEEE International Conference on Data Mining. New York: IEEE.

Lam C. 2010. Hadoop in Action. Greenwich: Manning Publications Co.

Li Q, Wang P, Wang W, et al. 2014. An efficient K-means clustering algorithm on MapReduce// International Conference on Database Systems for Advanced Applications. Berlin: Springer.

Liu X, Gong L, Gong Y et al. 2105. Revealing travel patters and city structure with taxi trip data.

Journal of Transport Geography, 43: 78-90.

Lu W, Shen Y, Chen S, et al. 2012. Efficient processing of K-nearest neighbor joins using MapReduce. Proceedings of the VLDB Endowment, 5(10): 1016-1027.

MacQueen J. 1967. Some methods for classification and analysis of multivariate observations // Proceedings of the fifth Berkeley symposium on mathematical statistics and probability. Berkeley: University of California Press.

Manolopoulos Y, Theodoridis Y, Tsotras V J. 2009. Spatial Indexing Techniques. New York: Springer.

Markus G, Bodenstein C, Riedel M. 2015. HPDBSCAN: Highly parallel DBSCAN //MLHPC'15: Proceedings of the Workshop on Machine Learning in High-performance Computing Environments. New York: Association for Computing Machinery.

Maulik U, Sarkar A. 2012. Efficient parallel algorithm for pixel classification in remote sensing imagery. Geoinformatica, 16(2): 391-407.

Memarsadeghi N, Mount D M, Netanyahu N S, et al. 2007. A fast implementation of the ISODATA clustering algorithm. International Journal of Computational Geometry & Applications, 17(1): 71-103.

Ord J K, Getis A. 1995. Local spatial autocorrelation statistics: Distributional issues and an application. Geographical Analysis, 27(4): 286-306.

Patra S, Bruzzone L. 2011. A fast cluster-assumption based active-learning technique for classification of remote sensing images. IEEE Trans Geosci Remote Sensing, 49(5): 1617-1626.

Pei T, Wang W, Zhang H, et al. 2015. Density-based clustering for data containing two types of points. International Journal of Geographical Information Science, 29(2): 175-193.

Phillips S. 2002. Reducing the computation time of the isodata and K-means unsupervised classification algorithms//IEEE International Geoscience and Remote Sensing Symposium. New York: IEEE.

Piatetsky-Shapiro G. 1996. Data mining and knowledge discovery in business databases// International Symposium on Methodologies for Intelligent Systems. Berlin: Springer.

Schnitzer B, Leutenegger S T. 1999. Master-client R-trees: A new parallel R-tree architecture // Proceedings of the Eleventh International Conference on Scientific and Statistical Database Management. New York: IEEE.

Shekhar S, Evans M R, Gunturi V, et al. 2012. Benchmarking Spatial Big Data. New York: Springer-Verlag Inc.

Sons J. 2012. Wiley Interdisciplinary Reviews: Data Mining and Knowledge Discovery. New York: John Wiley & Sons.

Srikanth R, George R, Warsi N, et al. 1995. A variable-length genetic algorithm for clustering and classification. Pattern Recognition Letters, 16(8): 789-800.

Taesik, Yoon, Kyuseok, et al. 2012. K-means clustering for handling high-dimensional large data.

Journal of Kiise Computing Practices and Letters, 18(1): 55-59.

Takahashi K, Kulldorff M, Tango T, et al. 2008. A flexibly shaped space-time scan statistic for disease outbreak detection and monitoring. International Journal of Health Geographics, 7(14): 14.

Tango T, Takahashi K, Kohriyama K. 2011. A space-time scan statistic for detecting emerging outbreaks. Biometrics, 67(1): 106-115.

Tobler W R. 1970. A computer movie simulating urban growth in the Detroit region. Economic Geography, 46(2): 234-240.

Verhein F, Chawla S. 2006. Mining Spatio-Temporal Association Rules, Sources, Sinks, Stationary Regions and Thoroughfares in Object Mobility Databases. Heidelberg: Springer.

Wang S W, Armstrong M P. 2009. A theoretical approach to the use of cyberinfrastructure in geographical analysis. International Journal of Geographical Information Science, 23(2): 169-193.

Wardlaw R L, Frohlich C, Davis S D. 1990. Evaluation of precursory seismic quiescence in sixteen subduction zones using single-link cluster analysis. Pure and Applied Geophysics, 134(1): 57-78.

Zaharia M, Chowdhury M, Franklin M J, et al. 2010. Spark: Cluster computing with working sets. HotCloud, 10: 95-95.

Zhang X, Song W, Liu L. 2014. An implementation approach to store GIS spatial data on NoSQL database //The 22nd International Conference on Geoinformatics. New York: IEEE.